普通高等教育"十四五"印刷本科规划教材

印刷标准及应用

YINSHUA BIAOZHUN

JI YINGYONG

何晓辉 ◎ 编著

 文化发展出版社

Cultural Development Press

·北京·

内容简介

本书分为四章，分别从我国印刷标准、国际印刷标准、印刷标准应用几个方面对于印刷标准展开介绍。作者根据近三十年的标准化教学与实践工作经验，将积累的知识和经验理论化、系统化地融合在本书内容中，有助于推动标准化建设与发展，也能够为学生及印刷包装行业技术与管理工作者提供借鉴。

图书在版编目（CIP）数据

印刷标准及应用 / 何晓辉编著. — 北京：文化发展出版社，2021.12

ISBN 978-7-5142-3481-7

Ⅰ.①印… Ⅱ.①何… Ⅲ.①印刷工业－行业标准－高等学校－教材 Ⅳ.①TS8-65

中国版本图书馆CIP数据核字(2021)第103673号

印刷标准及应用

何晓辉　编著

出 版 人：	宋　娜
责任编辑：	魏　欣　朱　言　　责任校对：岳智勇
责任印制：	邓辉明　　　　　　　封面设计：韦思卓

出版发行：文化发展出版社（北京市翠微路2号 邮编：100036）

发行电话：010-88275993　010-88275711

网　　址：www.wenhuafazhan.com

经　　销：全国新华书店

印　　刷：北京建宏印刷有限公司

开　　本：787mm×1092mm　1/16

字　　数：183千字

印　　张：8

版　　次：2023年3月第1版

印　　次：2023年3月第1次印刷

定　　价：52.00元

ＩＳＢＮ：978-7-5142-3481-7

◆ 如有印装质量问题，请与我社印制部联系。　电话：010-88275720

前　言

　　习近平总书记在致第 39 届国际标准化组织大会的贺信中指出："标准是人类文明进步的成果。"从中国古代的"车同轨、书同文"，到现代工业规模化生产，都是标准化的生动实践。随着经济全球化的深入发展，标准化在便利经贸往来、支撑产业发展、促进科技进步、规范社会治理中的作用日益凸显。标准已成为世界"通用语言"。世界需要标准协同发展，标准促进世界互联互通。党和国家高度重视标准化工作，习近平总书记指出，中国将积极实施标准化战略，以标准助力创新发展、协调发展、绿色发展、开放发展、共享发展。

　　改革开放以来，标准体系日臻完善，全社会标准化意识显著提升。我国相继颁布实施了《中华人民共和国标准化法》《深化标准化工作改革方案》《国家标准化体系建设发展规划》等一系列法规、制度和措施。2021 年是中国共产党建党 100 周年，也是我国"十四五"规划开局之年，中共中央、国务院印发《国家标准化发展纲要》，作为指导中国标准化中长期发展的纲领性文件。这些都彰显了党和国家对标准化工作的高度重视。

　　"印刷标准及应用"课程是北京印刷学院自 1997 年开设的一门专业选修课，旨在培养印刷及相关行业标准化人才，推动标准化建设与发展。作者自 1994 年开始参与印刷标准制定及印刷标准化实践与研究，并有幸在国家新闻出版总署以及中国印刷技术协会的大力支持下，牵头建立了 ISO/TC 130 WG12（国际标准化组织印刷技术委员会印后工作组），担当工作组召集人，牵头制定了 ISO16762、ISO16763 两项印后国际标准，实现了我们国家在国际印刷标准领域零的突破。在近三十年的标准化教学与实践中，积累了一定的知识和经验，希望能将其理论化、系统化，为学生及印刷包装行业技术与管理工作者提供参考。本书亦可作为企业实施标准化的参考资料。

作　　者
2021 年秋于北京印刷学院

二、ISO 标准类文件类型 / 11
三、ISO 标准的制定程序 / 12
四、ISO 标准中谓语动词形式（包括情态助动词）的使用规则 / 15

第三节　国际印刷标准 / 16
一、国际标准化组织印刷技术委员会（ISO/TC 130）/ 16
二、ISO/TC 130 工作组 / 17
三、国际联络 / 19
四、现行印刷国际标准 / 20

第三章　我国印刷标准

第一节　我国标准化组织 / 32
第二节　我国标准的制定 / 33
一、标准的分类 / 33
二、制定标准的原则 / 38
三、标准的制定程序 / 39
四、标准的编写 / 40

第三节　印刷技术标准 / 44
一、全国印刷标准技术化委员会 SAC/TC 170 / 44
二、现行印刷国家标准 / 45
三、现行印刷行业标准 / 48
四、现行印刷地方标准 / 52
五、现行印刷团体标准 / 53
六、印刷相关的环保标准 / 53

第四章　印刷标准应用

第一节　ISO 印刷标准的使用 / 55
第二节　基础标准 / 63
一、观察条件标准（viewing conditions）/ 63
二、颜色测量标准（colour measurements）/ 66
三、印刷条件标准（printing condition）/ 67

四、特征化（characterization）/ 67

第三节　生产过程控制标准 / 74
　　一、设计阶段（design stage）/ 74
　　二、印前阶段（prepress stage）/ 79
　　三、印刷阶段（printing stage）/ 80
　　四、印后阶段（postpress stage）/ 92

第四节　环境相关标准 / 96
　　一、ISO 16759:2013 / 96
　　二、ISO 20690:2018 / 99
　　三、ISO 21632:2018 / 100

第五节　纸质印刷产品印制质量检验规范 / 102
　　一、GB/T 34053.1—2017 纸质印刷产品印制质量检验规范 第1部分：
　　　术语 / 103
　　二、GB/T 34053.2—2017 纸质印刷产品印制质量检验规范 第2部分：抽样判定
　　　规则 / 106
　　三、GB/T 34053.3—2017 纸质印刷产品印制质量检验规范 第3部分：图书期刊 / 108
　　四、GB/T 34053.4—2017 纸质印刷产品印制质量检验规范 第4部分：中小学
　　　教科书 / 111
　　五、GB/T 34053.5—2017 纸质印刷产品印制质量检验规范 第5部分：报纸 / 113
　　六、GB/T 34053.6—2017 纸质印刷产品印制质量检验规范 第6部分：折叠
　　　纸盒 / 114

第六节　绿色印刷标准 / 115
　　一、HJ/T 环境标志产品技术要求标准 / 116
　　二、CY/T 新闻出版行业绿色印刷标准 / 116

参考文献 / 120

国家标准 GB/T 20000.1—2014《标准化工作指南 第1部分：标准化和相关活动的通用术语》中对"标准化"的定义为："为了在既定范围内获得最佳秩序，促进共同效益，对现实问题或潜在问题确立共同使用和重复使用的条款以及编制、发布和应用文件的活动。"

在 ISO/IEC Guide 2 中对 standardization 的定义是："activity of establishing, with regard to actual or potential problem, provisions for common and repeated use, aimed at the achievement of the optimum degree of order in a given context."

上述定义说明了标准化的几个特点：

（1）标准化是一个活动过程（activity）。主要是制定标准、实施标准的过程。标准化活动不能脱离制定、修订和实施标准，这是标准化的基本任务和主要内容。

（2）标准化的目的和作用（important benefits）在于为了其预期目的改造产品、过程或服务的适用性，防止贸易壁垒，并促进技术合作。

（3）标准化活动是建立规范的活动（provisions）。标准化活动中建立的条款规范不仅针对当前存在的问题，而且针对潜在的问题，这是信息时代标准化的一个重大变化和显著特点。

在国民经济的各个领域中，凡具有多次重复使用和需要制定标准的具体产品，以及各种定额、规划、要求、方法、概念等，都可成为标准化对象。

标准化对象一般可分为两大类：一类是标准化的具体对象，即需要制定标准的具体事物；另一类是标准化总体对象，即各种具体对象的总和所构成的整体，通过它可以研究各种具体对象的共同属性、本质和普遍规律。

三、标准与标准化的关系（the relationship between standard and standardization）

标准与标准化的研究对象都是重复性的事物。标准是实践经验的总结，一个新标准的产生是经验积累的开始、标准的修订是积累的深化。标准化过程是人类实践经验不断积累与不断深化的过程。

标准与标准化的目的和意义是相同的，都是为了建立最佳秩序、获得最佳公共效益。"建立最佳秩序""取得最佳公共效益"集中概括了标准的作用和制定标准的目的，同时又是衡量标准化活动、评价标准的重要依据。

标准是标准化活动的产物。标准化的目的和作用都是通过制定和实施具体的标准来体现的。

标准化的效果只有当标准在社会实践中实施以后才能表现出来。在标准化的全部活动中，实施标准是非常重要的一个环节。

四、标准化的意义（the significance of standardization）

标准是世界"通用语言"，标准化在促进世界互联互通，便利各国经贸往来中的作用日益凸显。大量的实践与研究表明，标准在社会经济发展中起着举足轻重的作用。

标准化是为了在一定范围内获得最佳秩序、以促进最佳的共同效益为目的。

以"产品"标准为例，标准化的目的可以分为两大类：（1）通过标准化保证产品能够正常、方便地使用；（2）保证产品或其生产过程不会对环境、人身等造成损害。

2000年德国标准化学会（DIN）进行的一项调查表明：与专利或许可相比，标准对经济增长的贡献更大；面向出口的工业部门将标准用作开拓新市场的战略，标准助力技术创新。

德国等国家采用方法学分析关于标准化的微观和宏观经济效益，其研究结果表明，标准化大大增强了科学技术与知识的传播与推广，标准对经济增长有积极的影响。标准使用越多，技术知识推广的影响就越大，经济增长也就越大。

1. 标准对供需双方的影响

标准可以鼓励市场内部的竞争，也可以被企业用来对处于增值链下游的公司施加市场压力。企业因此能够用标准来扩大其潜在市场。企业对使用标准的供应商的质量和可靠性也增加了信心。

2. 标准和战略联盟的形成

研究表明，标准化对于竞争对手之间的合作具有积极的影响。公司之间在标准化方面的合作产生的协同作用可以帮助降低成本并增加利润。标准化促进了价值链上处于同一阶段的企业之间的合作。

3. 标准对研发的影响

企业对标准内容有利的影响能够降低其研发工作的经济风险。如果标准化工作的参与者能够应用其研究成果，则可以降低研发费用，减少重复研究工作。

4. 产品安全及责任

制定和实施安全标准有助于降低事故率，并提高人们对安全生产的认识。参与标准化的过程能够明显提高行业对产品安全重要性的认识。

此外，标准对国际立法也非常有用，在法律案件中标准经常被引用。

5. 标准化推动创新

DIN的研究表明："通过标准有效传播推广创新是经济增长的先决条件。"创新是保持竞争力和经济增长的重要因素，但其价值有限，除非这一创新能够得到有效的传播推广。而标准是传播新思想的一种有效手段。研究表明，标准对创新潜力和国际贸易具有积极的影响。

第二节 印刷标准化工作简介

近代标准化随着第一次工业革命和第二次工业革命发展起来,逐渐成为支撑现代化和贸易发展的重要软基础设施。

1969年在美国、德国等国家的倡导下,成立了国际标准化组织印刷技术委员会(ISO/TC 130),但是成立之后的一段时间国际印刷标准化工作并不是很活跃。20世纪80年代,印刷告别了"铅与火",走进了"光与电"的时代,印刷生产中数据的交换、颜色的复制质量等都面临着标准化问题,1988年ISO/TC 130在德国重新激活,成立了术语、印前数据交换、过程控制、印刷材料以及人机工程与安全五个工作组,积极开展相关的印刷技术标准制定以及标准化促进活动,为印刷行业的发展做出了积极的贡献。标准被认为是帮助企业创新、降低成本、提高质量和在国际市场上保持竞争力的关键。

随着我国印刷标准化工作的发展及参与国际活动的日益深入,2010年10月,在巴西圣保罗举行的第24届ISO/TC 130全体会议上,确定了成立ISO/TC 130/WG 12印后工作组,由北京印刷学院的何晓辉副教授担任召集人。2012年经国际标准化组织的各成员国投票确定,ISO/TC 130的秘书处由德国转到中国,2013年5月经中国国家标准化管理委员会批准,由中国印刷技术协会管理的全国印刷标准化技术委员会SAC/TC 170承担ISO/TC 130秘书处的具体工作,由何晓辉副教授担任该组织的秘书。2015年1月1日,北京印刷学院蒲嘉陵教授正式担任ISO/TC 130主席。2016年3月,我国取得了零的突破——第一个由我国主导的ISO 16763《印刷技术——印后要求——装订产品》正式出版;同年11月,ISO 16762《印刷技术——印后要求——通用要求》也正式出版。

印刷标准使得整个生产流程与商业运行更加快捷有效、更可预测、成本效益更高,主要体现在以下几个方面:

(1)印刷标准提供统一、明确的程序和工具,保证为客户提供高质量产品;
(2)印刷标准促进系统之间的相互联系和流程整合;
(3)印刷标准使得用户之间的沟通更加轻松;
(4)印刷标准保证了在提高产品质量和可靠性的同时提供高性价比;
(5)印刷标准增强了生产维护的方便性;
(6)印刷标准改善健康、安全和环境保护,减少浪费。

标准不再仅仅适用于制造业。无论是制造商、销售商,还是产品用户,都可以从标准化中获取好处。设备制造商和产品供应商以及用户共同合作制定和实施最适合行业的、健全的技术和安全标准,能够助力印刷行业蓬勃发展。

第二章 国际标准

第一节 国际标准化组织

国际标准化组织（International Organization for Standardization，ISO）是世界上最大的标准化组织，成立于1947年2月23日。ISO的工作是制定国际标准。每一个国家只有一个ISO成员（如SAC是代表中国的ISO成员），个人或者公司不能成为ISO成员。ISO通过其成员，将专家聚集在一起分享知识，并制定自愿的、基于共识的、与市场相关的国际标准，以支持创新并为全球挑战提供解决方案。

ISO一词与英文全称首字母无关，而是源于希腊语"ISOS"，表示"平等""均等"之意。

一、ISO的性质

ISO是一个独立的、非政府性国际组织，是世界上最大的非政府性标准化专门机构。ISO与很多国际组织就标准化问题进行合作，与另外两个国际标准制定组织——国际电工委员会（IEC）和国际电信联盟（ITU）合作密切。2001年，ISO、IEC和ITU成立了世界标准合作组织（WSC），以加强这三个组织的标准体系。WSC还促进在全球范围内采用和实施基于国际共识的标准。

中国于1978年加入ISO，在2008年10月的第31届国际化标准组织大会上，中国正式成为ISO的常任理事国。

二、ISO的宗旨和任务

ISO的宗旨是"在世界上促进标准化及其相关活动的发展，以便于商品和服务的国际交换，在智力、科学、技术和经济领域开展合作"。

ISO 的任务是制定、发布和推广国际标准，协调世界范围内的标准化工作，组织各成员国和技术委员会进行信息交流，与其他国际组织进行合作、共同研究有关标准化问题。

三、组织机构

ISO 的主要机构有全体大会、理事会、ISO 中央秘书处、技术管理局、技术委员会等，组织机构图如图 2-1 所示。

1. 全体大会

全体大会是 ISO 的最高权力机构，属非常设机构，每年 9 月召开一次。ISO 所有成员团体、通讯成员、注册成员以及与 ISO 有联络关系的国际组织均可派代表与会，但只有成员团体有表决权。

全体大会的主要议程包括：年度报告中有关项目的行动情况、ISO 的战略计划以及财政情况等，全体大会的工作会议只限于 ISO 成员国参加，专题公共研讨会任何与会人员均可参加。

2. 理事会

理事会是 ISO 大会闭会期间的常设管理机构，由 ISO 官员（主席、副主席、司库、秘书长）、根据议事规则指定的 6 个成员团体（对本组织贡献最大的 6 个成员团体被自动指定为理事会的常任成员）和全体大会选出的 14 个成员团体组成。

理事会的主要任务是：任命司库、秘书长、政策制定委员会主席；选举技术管理局（TMB）的成员，并确定其职权范围；审查通过 ISO 中央秘书处的财务预决算。

3. 技术管理局（TMB）

技术管理局是 ISO 技术工作的最高管理和协调机构。TMB 的主要任务包括以下内容：

（1）就 ISO 全部技术工作的战略计划、协调、运作和管理问题向理事会报告，并在需要时向理事会提供咨询；

（2）负责技术委员会机构的全面管理；

（3）审查 ISO 新工作领域的建议，批准成立或解散技术委员会（TC），修改技术委员会工作的导则；

（4）代表 ISO 复审 ISO/IEC 技术工作导则，检查和协调所有的修改意见并批准有关的修订文本。

TMB 的日常工作由 ISO 中央秘书处承担。

4. 中央秘书处（ISO/CS）

中央秘书处负责 ISO 日常行政事务，编辑出版 ISO 标准及各种出版物，代表 ISO 与其他国际组织联系。

5. 技术委员会（TC）

技术委员会是承担 ISO 标准制、修订工作的技术机构，所有技术委员会都由技术管理局建立、管理并监督其工作。成立一个技术委员会或分委员会需 TMB 批准，根据工作需要，每个 TC 可以设立若干分技术委员会（SC），TC 和 SC 下面还可设立若干工作组（WG）。

每个 TC 和 SC 都设有秘书处，由 ISO 成员团体担任。TC 的秘书处由 TMB 指定，SC 的秘书处由 TC 指定。WG 不设秘书处，但由上级 TC 或 SC 指定一名召集人。

TC 和 SC 的成员分为 2 类：积极成员（P 成员）和观察员（O 成员）。P 成员必须积极参加 TC 或 SC 的活动，有进行投票的义务，并且要尽可能出席会议；O 成员只是想了解某个 TC 或 SC 的工作情况，当然，他们也可参加会议并获得有关资料。

截至 2020 年年底，ISO 已有 250 多个技术委员会。在这些委员会中，世界范围内的工业界代表、研究机构、政府权威、消费团体和国际组织都作为对等合作者共同讨论全球的标准化问题。管理一个技术委员会的主要责任由一个 ISO 成员团体（如 AFNOR、ANSI、BSI、DIN、SAC 等）担任，该成员团体负责日常秘书工作，并指定一至二人具体负责技术和管理工作，委员会主席协助成员达成一致意见。每个成员团体都可参加它所感兴趣的课题的委员会。与 ISO 有联系的国际组织、政府或非政府组织都可参与工作。

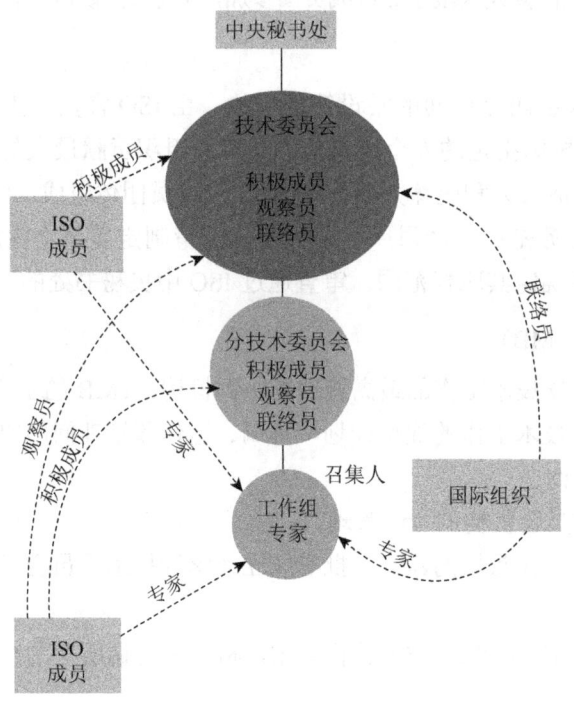

图 2-1　ISO 组织机构

四、关于认证的说明

ISO 的合格评定委员会（CASCO）已经制定了若干与认证过程相关的标准，供认证机构使用。但是，提供符合 ISO 标准的合格证明是由外部认证机构执行的。

五、国际电工委员会

国际电工委员会（IEC）是全球领先的标准化组织，发布基于共识的国际标准，并管理电气和电子产品、系统与服务的合格评定系统。

IEC 标准被广泛采用作为国家或地区电工标准的基础，也是起草国际合同时的参考资料，并经常在制造商规范和用户说明其要求时引用。这种广泛采用促进了电气和电子工程部门的国际贸易。

IEC 的成员是国家委员会，他们任命来自行业、政府机构、协会和学术界的专家和代表参加 IEC 的技术和合格评定工作。

IEC 工作由技术委员会、其小组委员会和工作组（类似于 ISO）执行。大约 200 个这样的委员会几乎涵盖所有电工行业以及相关学科，如术语、符号、安全和性能。IEC 的职责涵盖电气和电子工程领域，所有其他学科领域均归属于 ISO。必要时，经双方同意，将工作计划的责任归于 ISO 或 IEC。在共同感兴趣的具体情况下，成立联合技术机构或工作组。共同工作程序确保高效协调和尽可能广泛的全球应用。ISO 和 IEC 一直致力于开发联合程序和格式。

ISO 文件在涉及电工问题时要求尊重 IEC 标准。印刷、出版和纸制品加工行业的许多 ISO 标准包括 IEC 制定标准的规范性参考。

六、国际标准化活动

1. 国际标准化活动的意义

（1）贸易国际化、贸易自由化的需要。国际标准可以为国际贸易提供基本的技术依据，为消除技术性贸易壁垒，实现贸易自由化创造条件。国际标准也可以为解决国际贸易质量纠纷，创造公正的条件，提供仲裁的技术依据。国际标准还可以为在国际贸易中建立国家或企业的优势地位提供指导。世界贸易组织（WTO）的有关协定给予了国际标准化很重要的地位和作用。

（2）产品跨国生产，跨国公司大量涌现的需要。随着社会化、专业化大生产的发展，现在许多产品的生产已不在一个国家内完成，许多企业也不仅是国内的企业，国际标准可以为这些产品的生产提供共同的技术依据，国际标准也可以为这些企业的管理和运行提供技术支撑。

（3）科学技术日新月异，知识经济时代到来的需要。国际标准化可以加速科技研发，可以促进科技成果转化为生产力，实现科技成果专利化、专利标准化、标准产业化，带动企业技术创新和科技进步，加快产业结构调整和产业升级，提高企业的市场竞争力。

（4）保护全球资源和环境，社会可持续发展的需要。国际标准可以为节约资源，规范和促进资源可持续利用提供技术依据。国际标准也可以为预防和控制污染，实现生态环境可持续发展提供技术保障。

（5）以人为本，提高人类生存质量的需要。国际标准可以成为保护人类安全，保护人体健康的重要技术保障。国际标准也可以成为人类享受各种服务，维护合法权益的重要技术保障。

2. 国际标准化发展的特点

（1）随着国际标准化领域不断扩大，制定国际标准速度不断加快，国际标准的类型更加多样，与市场需求结合更加紧密。

（2）国际标准化发展的重点为：安全、健康、环境保护、资源节约与利用、信息技术、制造技术和产业基础技术、服务业、保护消费者利益等领域。

（3）大力推广应用国际标准，积极推进国际标准与合格评定相结合，努力实现"一个标准，一次检验，一次合格评定程序，接受一种标志"的目标。

（4）有关的国际组织、区域组织、国家组织，以及企业团体等，积极参与国际标准化活动，国际标准化工作开展广泛的合作与交流。

第二节 国际标准的制定

国际标准是由使用和受其影响的人制定的，ISO称他们为"专家"，他们来自行业、政府、消费者组织、学术界、非政府组织等。ISO为专家们提供了一个中立的平台，以聚集在一起并达成共识。

一、国际标准的定义

国际标准是包含实用信息和最佳实践的文件。它通常描述一种约定的做事方式或一个全球性问题的解决方案。

ISO/IEC指南2对"国际标准"的定义是："国际标准化（标准）组织正式表决批准的并且可公开提供的标准。"

国家质量监督检验检疫总局于2001年12月4日颁布的《采用国际标准管理办法》中规定："国际标准是指国际标准化组织（ISO）、国际电工委员会（IEC）和国际电信联盟（ITU）制定的标准，以及国际标准化组织确认并公布的其他国际组织制定的标准。"

根据这一规定，国际标准应包括两部分：一是由ISO、IEC、ITU这三大国际标准化组织制定的标准，分别称为国际标准化组织（ISO）标准、国际电工委员会（IEC）标准和国际电信联盟（ITU）标准；二是由ISO认可并在ISO标准目录上公布的其他国际组织制定的标准。目前，ISO公布有40个国际组织制定的部分标准视为国际标准。

国际标准的重要作用主要体现在以下三个方面：

（1）推行国际标准，有利于消除国际贸易中的技术壁垒，促进贸易自由化；

（2）推行国际标准，有利于促进技术进步，提高产品质量和效益；

(3) 推行国际标准，有利于促进国际经济技术交流与合作。

二、ISO 标准类文件类型

ISO 国际标准类文件（也称为 ISO 出版物）共分为 6 类：国际标准（IS）、技术规范（TS）、技术报告（TR）、公开可用的规范（PAS）、工业技术协议（IWA）和指南（GUIDES）。

1. 国际标准（international standards，IS）

国际标准化（标准）组织采纳的并且可向公众提供的标准。

（来源：ISO/IEC 指南 2：2004，定义 3.2）

2. 技术规范（technical specification，TS）

未来有可能形成一致意见上升为国际标准的文件。但是，当前面临的情况包括：

- 不能获得批准为国际标准所需要的支持；
- 对是否已形成协商一致尚未确定；
- 其主体内容尚处于技术发展阶段；
- 另有原因使其不可能作为国际标准马上出版。

注 1：技术规范的内容包括附录，同时还可以包括要求；

注 2：技术规范不得与现行国际标准矛盾；

注 3：允许同一主题下有几个技术规范竞争。

（来源：《ISO 导则第 2 部分　国际标准的结构和编写规则》，定义 3.4）

技术规范发布以供立即使用，也可作为获取反馈以最终转换为国际标准的一种手段。

3. 技术报告（technical report，TR）

它包括从那些通常作为国际标准出版的资料中收集的各种数据。

（来源：《ISO 导则第 2 部分　国际标准的结构和编写规则》，定义 3.5）

技术报告包含与国际标准和技术规范类型不同的信息。它可能包括从调查中获得的数据，如从信息报告中获得的数据，或感知到的"最新技术"的信息。其形式灵活，亦没有规定的复审时间；内容可以是某个国家成员体的标准工作评述数据、技术发展动态数据或其他国际工作组织的工作数据等。

4. 公开可用的规范（publicly available specification，PAS）

发布公开可用的规范是为了响应紧迫的市场需求，代表工作组内专家的共识，或 ISO 外部组织的共识。

与技术规范一样，公开可用的规范发布以供立即使用，也可作为获取反馈以最终转换为国际标准的一种手段。公开可用的规范最长寿命为六年，之后可以转换为国际标准或撤销。

5. 工业技术协议（international workshop agreements，IWA）

工业技术协议是在正常的 ISO 委员会系统之外制定的文件，使市场参与者能在"开放的研讨会"环境中进行谈判。工业技术协议通常由成员团体提供行政支持。公布的协议包括其制定的参与组织的说明。工业技术协议的最长有效期为六年，之后可以转换为另一类 ISO 标准类文件出版物或自动撤销。

6. 指南（GUIDES）

指南能帮助读者更多地了解标准增加价值的主要领域。一些指南论述说明 ISO 标准如何以及为何能够使其更好、更安全、更高效地运作。

上述六种类型的 ISO 标准类文件具有不同的性质、协商程度以及批准原则，如表 2-1 所示。标准何时实施与协商一致程度相关，协商一致程度越高，标准开始实施的时间就可能越晚。

表 2-1　ISO 标准类文件性质、协商一致程度及批准原则

文件类型	性质	协商一致程度	批准规则
国际标准（IS）	规范性	最高级 [专家（WG）、TC/SC、ISO 成员]	ISO 成员三分之二投票赞成；反对票不超过总投票数的 25%
技术规范（TS）	规范性	低于 IS [专家（WG）、TC/SC]	TC/SC 中 P 成员三分之二投票赞成
技术报告（TR）	资料性	低于 PAS [无系统性复审]	TC/SC 中 P 成员简单多数投票赞成
公开可用的规范（PAS）	规范性	低于 TS	TC/SC 中 P 成员简单多数投票赞成
工业技术协议（IWA）	资料性	ISO 委员会系统之外，由外界提议（通常是 ISO 成员）	TMB 批准

三、ISO 标准的制定程序

1. ISO 标准制定的规则

ISO 标准的制定要遵照 ISO/IEC Directives（ISO 导则）进行。

在制定正式的 ISO 标准时按照 ISO/IEC Directives Part 1 Consolidated ISO Supplement（ISO 导则第 1 部分及其补充部分）规定的正规的程序进行。

ISO/IEC Directives Part 2（ISO 导则第 2 部分）规定了编制国际标准 IS、技术规范 TS、可公开提供的技术规范 PAS 的原则。

2. ISO 标准制定程序

（1）预研阶段（预工作项目，preliminary working item，PWI）。此阶段没有时间限制，但是一旦通过技术委员会决议将工作项目注册到委员会的工作计划里（即获得了项目编

号），则必须在 36 个月内进行新工作项目投票，否则该预研项目将被系统自动取消。

（2）提案阶段（新工作项目提案，new work item proposal，NWIP，简称 NP）。此阶段的默认投票期为 12 周，可以通过委员会决议的形式将其缩短为 8 周。自 2018 年 5 月起，此阶段需技术委员会超过三分之二的 P 成员投票赞成，并且拥有多于 16 个 P 成员数目的技术委员会里需要有 5 个 P 成员赞成且提名专家参与该项目的制定、低于 16 个 P 成员的技术委员会则需要有 4 个 P 成员提名专家，这一阶段的投票方获通过。

（3）准备阶段（工作组草案，working draft，WD）。本阶段无须投票，但需要尽最大可能地在工作组内部协调一致，为项目推进到下一阶段做准备。

（4）委员会阶段（委员会草案，committee draft，CD）。此阶段的默认投票期为 8 周，但可以自愿选择进行为期 12 周或 16 周的投票，此阶段的标准草案需获技术委员会不少于三分之二的 P 成员投票赞成方可通过。

（5）询问阶段（国际标准草案，draft International standards，DIS）。该阶段的投票由 ISO 中央秘书处开启，投票期为 12 周，需不少于三分之二的 P 成员投票赞成且反对票不超过总票数的四分之一方可通过。

（6）批准阶段（最终国际标准草案，final draft international standards，FDIS）。该阶段的投票由中央秘书处开启，投票期为 8 周，需不少于三分之二的 P 成员投票赞成且反对票不超过总票数的四分之一方可通过。

（7）出版阶段（国际标准，international standards，IS）。由中央秘书处发布标准文件 IS。在 FDIS 之后，只对最终文本进行编辑修改，委员会经理和项目负责人在标准发布前有两周的签字时间。

表 2-2 给出 ISO 标准类文件制定过程的顺序及各阶段文件的名称。

表 2-2　ISO 标准类文件制定过程的顺序及各阶段文件的名称

项目阶段	相关文件	
	名称	缩写
预研阶段 Preliminary stage	预工作项目 Preliminary working item [a]	PWI
提案阶段 Proposal stage	新工作项目提案 New work item proposal [a]	NP
准备阶段 Preparatory stage	工作组草案 Working draft（s）[a]	WD
委员会阶段 Committee stage	委员会草案 Committee draft（s）[a]	CD
询问阶段 Enquiry stage	国际标准草案 Draft international standards	DIS

续表

项目阶段	相关文件	
	名称	缩写
批准阶段 Approval stage	最终国际标准草案 Final draft International Standards^c	FDIS
出版阶段 Publication stage	国际标准 International standards	IS

a：该阶段可省略。

c：可省略

ISO 国际标准的默认制定周期为 36 个月，但可以选择快速程序（24 个月）或延长程序（48 个月）。此外，每项国际标准还有一次且仅有一次经批准后延长 9 个月的机会。

3. ISO 标准和其他出版物的维护

技术的飞速发展，新方法和新材料不断涌现，人们对质量和安全的要求不断提高，往往会造成标准的过时，为此，ISO 规定所有 ISO 标准至少每隔 5 年复审 1 次，其间任何一个 P 成员都可以提出复审要求，随时进行复审工作。技术规范要求每三年进行一次复审，且最多复审两次，如在第二次复审时该技术规范仍不具备转为国际标准的条件，则其将被废止。技术报告在格式上没有硬性要求，仅需要按照简单多数的原则通过委员会阶段的 DTR（draft technical report）投票即可出版。

ISO 标准类文件（ISO 出版物）均根据表 2-3 予以系统复审以确定其是否应被确认、修改/修订、转换成另一种出版物，或者撤销。

表 2-3 系统复审时间表

文件类型 （出版物）	最长系统复审间隔	可被确认的最多次数	最长寿命
国际标准	5 年	无限制	无限制
技术规范	3 年	1 次	推荐 6 年
可公开提供的规范	3 年	1 次	6 年 （如到期没有转换则提议撤销）
技术报告	无规定	无规定	无限制

来源：ISO 导则第 1 部分及其补充部分。

四、ISO 标准中谓语动词形式（包括情态助动词）的使用规则

《ISO 导则第 2 部分　国际标准的结构和编写规则》中明确规定了国际标准文件中谓语动词（包括情态助动词）的使用规则，表 2-4、表 2-5、表 2-6、表 2-7 每一表格的第一栏给出了表示各种要求的谓语动词形式，只有在由于语言限制而不能使用第一栏的形式时方可使用第二栏给出的等同表达形式。

表 2-4 所示的谓语动词形式用来表示必须严格遵从的要求，不允许有任何偏离。

表 2-4　表示"要求"的谓语动词

谓语动词形式	例外情况下的等效表述方式	
应 Shall	is to is required to it is required that has to only...is permitted it is necessary	有必要 要求 要 只有……才允许
不应 Shall not	is not allowed（permitted）（acceptable）（permissible） is required to be not is required that...be not is not to be	不允许 不准许 不许可 不要

- 不要用"必须（must）"代替"应（shall）"（这样可以避免造成文件的要求和外部法律责任的混淆）。
- 在表示禁止意义时，不要用"不可（may not）"代替"不应（shall not）"。
- 为了表示直接的指示，如表示试验方法中所采取的步骤，使用祈使句（英语）。例如，"开启记录仪（Switch on the recorder）"

来源：《ISO 导则第 2 部分　国际标准的结构和编写规则　附录 H》。

表 2-5 所示的谓语动词形式用来表示几种可能性，其中一种被推荐为特别适合，不提及也不排除其他可能性，或者用来表示某种实施过程是推荐的，但不是必须的，或者用来表示（用否定形式）某种可能性或过程是不被赞成的，但不是禁止的。

表 2-5　表示"推荐"的谓语动词

谓语动词形式	例外情况下的等效表述方式	
宜 Should	it is recommended that ought to	推荐 建议
不宜 Should not	it is not recommended that ought not to	推荐不 建议不

来源：《ISO 导则第 2 部分　国际标准的结构和编写规则　附录 H》。

表 2-6 所示的谓语动词形式用来表示在文件限制范围内所允许的实施过程。

表 2-6 表示"允许"的谓语动词

谓语动词形式	例外情况下的等效表述方式	
可 May	is permitted is allowed is permissible	允许 许可 准许
不必 Need not	it is not required that no...is required	不需要 不要求

- 在这一范围内不适用"可能（possible）"或"不可能（impossible）"；
- 在这一范围内不用"能（can）"代替"可（may）"；
- 注："可（may）"表示标准表达的允许性，而"能（can）"则表示文件用户的能力或存在的可能性

来源：《ISO 导则第 2 部分　国际标准的结构和编写规则　附录 H》。

表 2-7 所示的谓语动词形式用来表述由材料、物理或某种原因导致的可能性和能力。

表 2-7 表示"可能性和能力"的谓语动词

谓语动词形式	例外情况下的等效表述方式	
能 Can	be able to there is a possibility of it is possible to	能够 有……的可能性 可能
不能 Can not	be unable to there is no possibility of it is not possible to	不能够 没有……的可能性 不可能

来源：《ISO 导则第 2 部分　国际标准的结构和编写规则　附录 H》。

第三节　国际印刷标准

一、国际标准化组织印刷技术委员会（ISO/TC 130）

国际标准化组织印刷技术委员会（ISO/TC 130）主要负责印刷技术领域的国际标准化工作，其工作范围涵盖印刷过程的所有阶段，包括图案元素（图像、文字、线条稿、图案等）

被创建、处理、组合、传递，最终以电子形式的数字产品交货，或将油墨、色剂及其他标记性或功能性材料转移到承印物上，并使用终端设备按终端要求完成表面整饰等加工。

ISO/TC 130 标准包括但不限于术语、视觉外观及产品质量评价、数据交换、过程控制、管理、合格性评定、对环境的影响，以及相关材料、设备和系统的要求与测试。

ISO/TC 130 目前有 21 个 P 成员（积极成员，有表决权），分别是澳大利亚（SA）、奥地利（ASI）、比利时（NBN）、巴西（ABNT）、加拿大（SCC）、中国（SAC）、法国（AFNOR）、德国（DIN）、印度（BIS）、印度尼西亚（BSN）、以色列（SII）、意大利（UNI）、日本（JISC）、韩国（KATS）、罗马尼亚（ASRO）、荷兰（NEN）、西班牙（UNE）、瑞典（SIS）、瑞士（SNV）、英国（BSI）和美国（ANSI）。

24 个 O 成员（观察成员，无表决权），分别是阿根廷（IRAM）、克罗地亚（HZN）、古巴（NC）、塞浦路斯（CYS）、捷克（UNMZ）、埃及（EOS）、爱沙尼亚（EVS）、芬兰（SFS）、中国香港（ITCHKSAR）（通信会员）、匈牙利（MSZT）、冰岛（IST）、爱尔兰（NSAI）、肯尼亚（KEBS）、朝鲜（CSK）、蒙古（MASM）、巴基斯坦（PSQCA）、波兰（PKN）、葡萄牙（IPQ）、俄罗斯（GOST R）、塞尔维亚（ISS）、斯洛文尼亚（SIST）、泰国（TISI）、突尼斯（INNORPI）和土耳其（TSE）。

随着我国印刷标准化工作的发展及参与国际活动的日益广泛，2010 年 10 月，在巴西圣保罗举行的第 24 届 ISO/TC 130 全体会议上，确定了成立 ISO/TC 130/WG 12 印后工作组，全会表决确定由北京印刷学院的何晓辉副教授（本书作者）担任召集人。2012 年经国际标准化组织的各成员国投票确定，ISO/TC 130 的秘书处由德国转到中国，2013 年 5 月经中国国家标准化管理委员会批准，由中国印刷技术协会管理的全国印刷标准化技术委员会 SAC/TC 170 承担 ISO/TC 130 秘书处的具体工作，并由我国指派委员会主席。

二、ISO/TC 130 工作组

截至 2021 年，ISO/TC 130 处于活跃状态的工作组如表 2-8 所示。

表 2-8　ISO/TC 130 工作组信息列表

编号	名称	负责人
第 1 组	术语 Terminology	召集人：David Penfold 博士，英国 秘书：无
第 2 组	印前数据交换 Prepress data exchange	召集人：Steve Smiley 先生，美国 秘书：Debbie Orf 女士，美国
第 3 组	过程控制及相关度量衡 Process control and related metrology	召集人：Andreas Kraushaar 博士，德国 秘书：Andreas Lamm 先生，德国
第 4 组	媒介及材料 Media and materials	召集人：Uwe Bertholdt 博士，德国 秘书：Andreas Lamm 先生，德国
第 5 组	人机工程与安全 Ergonomics–Safety	召集人：George V. Karosas 先生，美国 秘书：Debbie Orf 女士，美国

续表

编号	名称	负责人
第7组	色彩管理 （与ICC成立的联合工作组） Colour management	召集人：William Li 先生，加拿大 秘书：Debbie Orf 女士，美国
第10组	安全印刷过程管理 Management of security printing processes	召集人：Marc Been 先生，荷兰 秘书：Hans Weber 先生，荷兰
第11组	印刷技术对环境的影响 Environmental impact of graphic technology	召集人：Laurel Brunner 女士，英国 秘书：Debbie Orf 女士，美国
第12组	印后加工 Postpress	召集人：何晓辉女士，中国 秘书：李美芳女士，中国
第14组 （与ISO/IEC JTC 1/SC 28、TC 42成立的联合工作组）	印刷质量检测方法 Print quality measurement methods	召集人：Frans Gaykema 先生，荷兰 联合召集人：Akihiro Ito 先生，日本 秘书：无
第3任务组	工作流程标准规划 Workflow standards roadmap	召集人：Paul Lindström 先生，瑞典 秘书：招刚先生，中国

来源：https://www.iso.org。

此外，ISO/TC 130与ISO/TC 6（纸、纸板和纸浆标准化技术委员会）、ISO/TC 42（摄影标准化技术委员会）、ISO/TC 46（信息和文献标准化技术委员会）、ISO/TC 171（文件管理应用标准化技术委员会）和IEC/TC 100（音频、视频、多媒体系统和设备标准化技术委员会）、ISO/IEC JTC1/SC 28（国际标准化组织/国际电工委员会第1联合技术委员会/办公设备标准化技术委员会）、CIE（国际照明委员会）组成了如表2-9所示的联合工作组。

表2-9 ISO/TC 130联合工作组信息列表

编号	名称	人员
ISO/TC 6/SC 2/ WG 39 （ISO/TC 130与ISO/TC 6组成的联合工作组）	印刷适性测试 Printability testing	召集人：Wilco de Groot 先生，荷兰 秘书：无
ISO/TC 42/JWG 20 （ISO/TC 130与IEC/TC 100、ISO/TC 42组成的联合工作组）	数码相机 Digital still cameras	召集人：Scott Foshee 博士，美国 秘书：无

续表

编号	名称	人员
ISO/TC 42/WG 23（ISO/TC 130 与 ISO/TC 42、CIE 组成的联合工作组）	数字图像存储、操作和交换的扩展颜色编码 Extended colour encodings for digital image storage, manipulation and interchange	召集人：Scott Foshee 博士，美国 秘书：无
ISO/TC 42/WG 24（ISO/TC 130 与 ISO/TC 42 组成的联合工作组）	ISO 3664 复审 Revision of ISO 3664	召集人：Etsuko Sawada 女士，日本 秘书：无
ISO/TC 42/JWG 27（ISO/TC 130 与 ISO/TC 42、JTC 1/SC 28 组成的联合工作组）	商业用数字印刷品图像永久和耐久性测试方法与规范 Image permanence & durability test methods and specifications for digital prints in commercial applications	召集人：Jürgen Jung 先生，比利时 秘书：无
ISO/TC 171/SC 2/ WG 5（ISO/TC 130 与 ISO/TC 42、ISO/TC 46、ISO/TC 171 组成的联合工作组）	文件管理应用—应用问题—PDF/A Document management applications -Application issues - PDF/A	召集人：Stephen Levenson 先生，美国 秘书：Betsy Fanning 女士，美国

来源：https://www.iso.org。

三、国际联络

ISO/TC 130 与其他技术委员会或国际组织密切合作，共同开发国际标准、开展国际标准化活动。表 2-10 所示为目前与 ISO/TC 130 有联络关系的 ISO 或 IEC 下属技术委员会，表 2-11 所示为与 ISO/TC 130 有联络的其他国际组织。

表 2-10　与 ISO/TC 130 有联络关系的技术委员会（ISO/IEC）

编号	名称	ISO/IEC
ISO/TC 6	纸、纸浆和纸板（Paper, board and pulps）	ISO
ISO/TC 6/SC 2	Test methods and quality specifications for paper and board	ISO
ISO/TC 35/SC 9	色漆和清漆（General test methods for paints and varnishes）	ISO
ISO/TC 42	摄影（Photography）	ISO
ISO/TC 122/SC 4	包装和环境（Packaging and environment）	ISO
ISO/TC 207/SC 7	温室气体管理（Greenhouse gas management and related activities）	ISO
ISO/TC 292	安全性和弹性（Security and resilience）	ISO
ISO/IEC/JTC1/SC 28	办公设备（Office equipment）	ISO/IEC

续表

编号	名称	ISO/IEC
ISO/IEC/JTC1/SC 29	声音、图片、多媒体和超媒体信息（Coding of audio, picture, multimedia and hypermedia information）	ISO/IEC
IEC/TC 100/TA 13	音频、视频和多媒体系统与设备（Environmental aspects in the field of audio, video and ICT equipment）	ISO
IEC/TC 119	印刷电子（Printed Electronics）	ISO
ISO/TC 171/SC 2	文献管理应用技术（Document file formats, EDMS systems and authenticity of information）	ISO

来源：https://www.iso.org。

表 2-11 ISO/TC 130 联络的其他国际组织

缩写	名称
ADDS（PDF ASSOCIATION e.V）	数字文件标准协会（Association for Digital Document Standards）
CEPE	欧洲涂料、印刷油墨和艺术颜料制造理事商会（European Confederation of Paint, Printing、Ink and Artist's Colours Manufacturers、Association）
CEPI-CTS	欧洲纸业联盟（CEPI Comparative Testing Service）
CIE	国际照明委员会（International Commission on Illumination）
ERA	欧洲轮转凹印协会（European Rotogravure Association）
ICC	国际色彩联盟（International Color Consortium）
WAN-IFRA	世界报纸和新闻出版商协会（World Association of Newspapers and News Publishers）
IDEAlliance	国际数权经营合作联盟（International Digital Enterprise Alliance）
CIP 4	印前、印刷和印后工艺过程国际联盟（International Cooperation for the Integration of Processes in Prepress, Press, and Postpress Organization）

来源：https://www.iso.org。

四、现行印刷国际标准

由国际标准化组织 ISO 公布的信息可知，截至 2021 年 10 月，ISO/TC 130 已经颁布并实施的国际标准有 113 项，处于研发制定阶段的国际标准有 24 项（来源：https://www.iso.org）。表 2-12 显示了 ISO/TC 130 已颁布的印刷国际标准。

表 2-12 ISO/TC 130 已颁布国际标准（截至 2021 年 10 月）

序号	标准号	标准名称
1	ISO 2834-1：2020	印刷技术 印刷测试的实验室准备 第 1 部分：浆状油墨（Graphic technology — Laboratory preparation of test prints — Part 1：Paste inks）
2	ISO 2834-2：2015	印刷技术 印刷测试的实验室准备 第 2 部分：液体油墨（Graphic technology — Laboratory preparation test prints — Part 2：Liquid printing inks）
3	ISO 2834-3：2008	印刷技术 印刷测试的实验室准备 第 3 部分：网版印刷油墨（Graphic technology — Laboratory preparation of test prints — Part 3：Screen printing inks）
4	ISO 2836：2021	印刷技术 印刷品及印刷油墨 印刷品耐各种试剂性的评定（Graphic technology — Prints and printing inks — Assessment of resistance of prints to various agents）
5	ISO 2846-1：2017	印刷技术 四色印刷油墨的颜色和透明度 第 1 部分：单张纸和热定型卷筒纸胶印油墨（Graphic technology — Colour and transparency of printing ink sets for four-colour printing — Part 1：Sheet-fed and heat-set web offset lithographic printing）
6	ISO 2846-2：2007	印刷技术 四色印刷油墨的颜色和透明度 第 2 部分：冷固型油墨胶印（Graphic technology — Colour and transparency of printing ink sets for four-colour printing — Part 2：Coldset offset lithographic printing）
7	ISO 5776：2016	印刷技术 文本校对符号（Graphic technology — Symbols for text proof correction）
8	ISO 10128：2009	印刷技术 与一套个性化数据匹配的印刷系统颜色再现的调整方法（Graphic technology — Methods of adjustment of the colour reproduction of a printing system to match a set of characterization data）
9	ISO 11084-1：1993	印刷技术 照相材料、金属箔和纸张的定位系统 第 1 部分：三孔系统（Graphic technology — Register systems for photographic materials, foils and paper — Part 1：Three-pin systems）
10	ISO 11084-2：2006	印刷技术 照相材料、金属箔和纸张的定位系统 第 2 部分：用于印版制作的定位销系统（Graphic technology — Register systems for photographic materials, foils and paper — Part 2：Register pin systems for plate making）
11	ISO 12040：1997	印刷技术 印刷品及印刷油墨 用滤光氙弧灯评定耐光性（Graphic technology — Prints and printing inks — Assessment of light fastness using filtered xenon arc light）
12	ISO 12218：1997	印刷技术 过程控制 胶印印版制作（Graphic technology — Process control — Offset platemaking）

续表

序号	标准号	标准名称
13	ISO 12632：2015	印刷技术 油墨，纸张和标签 热碱渗透和阻力要求（Graphic technology — Ink, paper and labels — Requirements on hot alkali penetration and resistance）
14	ISO 12634：2017	印刷技术 用旋转粘度计测定油墨和连结料的粘性（Graphic technology — Determination of tack of paste inks and vehicles by a rotary tackmeter）
15	ISO 12635：2021	印刷技术 胶印印版 尺寸（Graphic technology — Plates for offset printing — Dimensions）
16	ISO 12636：2018	印刷技术 胶印橡皮布（Graphic technology — Blankets for offset printing）
17	ISO 12637-1：2006	印刷技术 术语 第1部分：基本原则（Graphic technology — Vocabulary — Part 1：Fundamental terms）
18	ISO 12637-2：2008	印刷技术 术语 第2部分：印前术语（Graphic technology — Vocabulary — Part 2：Prepress terms）
19	ISO 12637-3：2009	印刷技术 术语 第3部分：印刷术语（Graphic technology — Vocabulary — Part 3：Printing terms）
20	ISO 12637-4：2008	印刷技术 术语 第4部分：印后术语（Graphic technology — Vocabulary — Part 4：Postpress terms）
21	ISO 12639：2004	印刷技术 印前数据交换 用于图像技术的标签图像文件格式（TIFF/IT）［Graphic technology — Prepress digital data exchange — Tag image file format for image technology （TIFF/IT）］
22	ISO 12639：2004/ Amd 1：2007	印刷技术 印前数据交换 用于图像技术的标签图像文件格式（TIFF/IT） 修订1：使用 JBIG2 修订2：压缩入 TIFF/IT［Graphic technology — Prepress digital data exchange — Tag image file format for image technology （TIFF/IT） — Amendment 1：Use of JBIG2-Amd2 compression in TIFF/IT］
23	ISO 12640-1：1997	印刷技术 印前数据交换 第1部分：CMYK 标准彩色图像数据（CMYK/SCID）［Graphic technology — Prepress digital data exchange — Part 1：CMYK standard colour image data （CMYK/SCID）］
24	ISO 12640-2：2004	印刷技术 印前数据交换 第2部分：XYZ/sRGB 编码的标准彩色图像数据（XYZ/SCID）［Graphic technology — Prepress digital data exchange — Part 2：XYZ/sRGB encoded standard colour image data （XYZ/SCID）］
25	ISO 12640-2：2004/ Cor 1：2008	印刷技术 印前数据交换 第2部分：XYZ/sRGB 编码的标准彩色图像数据（XYZ/SCID） 技术勘误表1［Graphic technology — Prepress digital data exchange — Part 2：XYZ/sRGB encoded standard colour image data （XYZ/SCID） — Technical Corrigendum 1］

续表

序号	标准号	标准名称
26	ISO 12640-3：2007	印刷技术 印前数据交换 第3部分：CIELAB 标准彩色图像数据（CIELAB/SCID）［Graphic technology — Prepress digital data exchange — Part 3：CIELAB standard colour image data（CIELAB/SCID）］
27	ISO 12640-4：2011	印刷技术 印前数据交换 第4部分：涉及宽色域显示的标准彩色图像数据［Adobe RGB（1998）/SCID］｛Graphic technology — Prepress digital data exchange — Part 4：Wide gamut display-referred standard colour image data［Adobe RGB（1998）/SCID］｝
28	ISO 12640-5：2013	印刷技术 印前数据交换 第5部分：涉及现场的标准彩色图像数据（RIMM/SCID）［Graphic technology — Prepress digital data exchange — Part 5：Scene-referred standard colour image data（RIMM/SCID）］
29	ISO 12640-1：1997/COR 1：2004	印刷技术 印前数据交换 第1部分：CMYK 标准彩色图像数据（CMYK/SCID）技术勘误表1［Graphic technology — Prepress digital data exchange — Part 1：CMYK standard colour image data（CMYK/SCID）— Technical Corrigendum 1］
30	ISO 12641-1：2016	印刷技术 印前数据交换 用于输入扫描仪校准的颜色目标 第1部分：用于输入扫描仪校准的颜色目标（Graphic technology — Prepress digital data exchange — Colour targets for input scanner calibration — Part 1：Colour targets for input scanner calibration）
31	ISO 12641-2：2019	印刷技术 印前数据交换 第2部分：用于输入扫描仪校准的高级颜色目标（Graphic technology — Prepress digital data exchange — Part 2：Advanced colour targets for input scanner calibration）
32	ISO 12642-1：2011	印刷技术 四色彩色印刷特征描述用输入数据 第1部分：起始数据集（Graphic technology — Input data for characterization of four-colour process printing — Part 1：Initial data set）
33	ISO 12642-2：2006	印刷技术 四色彩色印刷特征描述用输入数据 第2部分：扩展数据集（Graphic technology — Input data for characterization of 4-colour process printing — Part 2：Expanded data set）
34	ISO 12642-3：2021	印刷技术 四色彩色印刷特征描述用输入数据 第3部分：包括中性梯尺的扩展数据集（Graphic technology — Input data for characterization of 4-colour process printing — Part 3：Extended data set including near neutral scale）
35	ISO 12643-1：2009	印刷技术 印刷设备和系统的安全要求 第1部分：一般要求（Graphic technology — Safety requirements for graphic technology equipment and systems — Part 1：General requirements）

续表

序号	标准号	标准名称
36	ISO 12643-2：2010	印刷技术 印刷设备和系统的安全要求 第2部分：印前和印刷设备及系统（Graphic technology — Safety requirements for graphic technology equipment and systems — Part 2：Prepress and press equipment and systems）
37	ISO 12643-3：2010	印刷技术 印刷设备和系统的安全要求 第3部分：装订及整饰设备和系统（Graphic technology — Safety requirements for graphic technology equipment and systems — Part 3：Binding and finishing equipment and systems）
38	ISO 12643-4：2010	印刷技术 印刷设备和系统的安全要求 第4部分：包装设备及系统（Graphic technology — Safety requirements for graphic technology equipment and systems — Part 4：Converting equipment and systems）
39	ISO 12643-5：2010	印刷技术 印刷技术设备与系统安全要求 第5部分：独立操作式平压印刷机（Graphic technology — Safety requirements for graphic technology equipment and systems — Part 5：Stand-alone platen presses）
40	ISO 12644：1996	印刷技术 用落棒式粘度计测定浆状油墨和连接料的流变性（Graphic technology — Determination of rheological properties of paste inks and vehicles by the falling rod viscometer）
41	ISO 12645：1998	印刷技术 过程控制 透射密度计在不透明区校准用的检定参照样（Graphic technology — Process control — Certified reference material for opaque area calibration of transmission densitometers）
42	ISO 12646：2015	印刷技术 彩色打样显示 特性（Graphic technology — Displays for colour proofing — Characteristics）
43	ISO 12647-1：2013	印刷技术 网目调分色版、样张和印刷成品的加工过程控制 第1部分：参数和测量方法（Graphic technology — Process control for the production of half-tone colour separations, proof and production prints — Part 1：Parameters and measurement methods）
44	ISO 12647-2：2013	印刷技术 网目调分色版、样张和印刷成品的加工过程控制 第2部分：平版胶印（Graphic technology — Process control for the production of half-tone colour separations, proof and production prints — Part 2：Offset lithographic processes）
45	ISO 12647-3：2013	印刷技术 网目调分色版、样张和印刷成品的加工过程控制 第3部分：新闻纸的冷固型胶版印刷（Graphic technology — Process control for the production of half-tone colour separations, proofs and production prints — Part 3：Coldset offset lithography on newsprint）

续表

序号	标准号	标准名称
46	ISO 12647-4：2014	印刷技术 网目调分色版、样张和印刷成品的加工过程控制 第4部分：出版物的凹版印刷（Graphic technology — Process control for the production of half-tone colour separations, proof and production prints — Part 4: Publication gravure printing）
47	ISO 12647-5：2015	印刷技术 网目调分色版、样张和印刷成品的加工过程控制 第5部分：网版印刷（Graphic technology — Process control for the manufacture of half-tone colour separations, proof and production prints — Part 5: Screen printing）
48	ISO 12647-6：2020	印刷技术 网目调分色版、样张和印刷成品的加工过程控制 第6部分：柔性版印刷（Graphic technology — Process control for the production of half-tone colour separations, proofs and production prints — Part 6: Flexographic printing）
49	ISO 12647-7：2016	印刷技术 网目调分色版、样张和印刷成品的加工过程控制 第7部分：直接来源于数字数据的样张制作方式（Graphic technology — Process control for the production of halftone colour separations, proof and production prints — Part 7: Proofing processes working directly from digital data）
50	ISO 12647-8：2021	印刷技术 网目调分色片、样张和印刷成品的加工过程控制 第8部分：直接从数字数据验证印刷过程（Graphic technology — Process control for the production of half-tone colour separations, proof and production prints — Part 8: Validation print processes working directly from digital data）
51	ISO 12647-9：2021	印刷技术 网目调分色版、样张和印刷成品的加工过程控制 第9部分：使用胶印的金属整饰印刷工艺（Graphic technology — Process control for the production of half-tone colour separations, proof and production prints — Part 9: Metal decoration printing processes using offset lithography）
52	ISO/TR 12705：2011	印刷技术 平版印刷中化学鬼影的实验室测试方法（Graphic technology — Laboratory test method for chemical ghosting in lithography）
53	ISO 13655：2017	印刷技术 印刷图片的光谱测量和色度计算（Graphic technology — Spectral measurement and colorimetric computation for graphic arts images）
54	ISO 14298：2021	印刷技术 安全印刷过程管理（Graphic technology — Management of security printing processes）
55	ISO/TR 14672：2000	印刷技术 在ISO 12640中定义的SCID自然图像统计资料（Graphic technology — Statistics of the natural SCID images defined in ISO 12640）
56	ISO 14861：2015	印刷技术 彩色软打样系统要求（Graphic technology — Requirements for colour soft proofing systems）

续表

序号	标准号	标准名称
57	ISO 15076-1：2010	图像技术色彩管理 结构、文件格式与数据结构 第1部分：基于标准ICC.1：2010（Image technology colour management — Architecture, profile format and data structure — Part 1: Based on ICC.1：2010）
58	ISO/TS 15311-1：2020	印刷技术 商业与工业用印刷品的生产要求 第1部分：测量方法和报告模式（Graphic technology — Requirements for printed matter for commercial and industrial production — Part 1: Measurement methods and reporting schema）
59	ISO/TS 15311-2：2018	印刷技术 商业与工业用印刷品的生产要求 第2部分：使用数字印刷技术的商业印刷应用（Graphic technology — Print quality requirements for printed matter — Part 2: Commercial print applications utilizing digital printing technologies）
60	ISO/PAS 15339-1：2015	印刷技术 跨多种技术的数字数据印刷 第1部分：原则（Graphic technology — Printing from digital data across multiple technologies — Part 1: Principles）
61	ISO/PAS 15339-2：2015	印刷技术 跨多种技术的数字数据印刷 第2部分：特征参考印刷条件CRPC1-CRPC7（Graphic technology — Printing from digital data across multiple technologies — Part 2: Characterized reference printing conditions, CRPC1-CRPC7）
62	ISO 15341：2014	印刷技术 印刷滚筒的半径测定办法（Graphic technology — Method for radius determination of printing cylinders）
63	ISO 15397：2014	印刷技术 印刷用纸性能沟通（Graphic technology — Communication of graphic paper properties）
64	ISO 15790：2004	印刷技术和摄影术 反射和投射计量用的有证标准物质 包括组合标准不确定度的测定在内的文档使用及程序（Graphic technology and photography — Certified reference materials for reflection and transmission metrology — Documentation and procedures for use, including determination of combined standard uncertainty）
65	ISO/TR 15847：2008	印刷技术 用于印刷和印后系统（包括辅助设备）的图形符号（Graphic technology — Graphical symbols for printing press systems and finishing systems, including related auxiliary equipment）
66	ISO 15930-1：2001	印刷技术 印前数据交换 PDF的使用 第1部分：使用CMYK数据（PDF/X-1 and PDF/X-1a）的完整交换［Graphic technology — Prepress digital data exchange — Use of PDF — Part 1: Complete exchange using CMYK data（PDF/X-1 and PDF/X-1a）］

续表

序号	标准号	标准名称
67	ISO 15930-3: 2002	印刷技术 印前数据交换 PDF 的使用 第3部分：使用（PDF/X-3）在色彩管理工作流程的完整交换［Graphic technology — Prepress digital data exchange — Use of PDF — Part 3: Complete exchange suitable for colour-managed workflows （PDF/X-3）］
68	ISO 15930-4: 2003	印刷技术 印前数据交换 PDF 的使用 第4部分：使用 PDF1.4（PDF/X-1a）进行 CMYK 和专色数据的完全交换［Graphic technology — Prepress digital data exchange using PDF — Part 4: Complete exchange of CMYK and spot colour printing data using PDF 1.4 （PDF/X-1a）］
69	ISO 15930-6: 2003	印刷技术 印前数据交换 PDF 的使用 第6部分：使用 PDF 1.4（PDF/X-3）在色彩管理流程里的印刷数据完整交换［Graphic technology — Prepress digital data exchange using PDF — Part 6: Complete exchange of printing data suitable for colour-managed workflows using PDF 1.4 （PDF/X-3）］
70	ISO 15930-7: 2010	印刷技术 印前数据交换 PDF 的使用 第7部分：使用 PDF 1.6 的外部配置文件（PDF/X-4p）进行印刷数据（PDF/X-4）的完整交换和部分交换［Graphic technology — Prepress digital data exchange using PDF — Part 7: Complete exchange of printing data （PDF/X-4） and partial exchange of printing data with external profile reference （PDF/X-4p） using PDF 1.6］
71	ISO 15930-8: 2010	印刷技术 印前数据交换 PDF 的使用 第8部分：使用 PDF 1.6（PDF/X-5）进行印刷数据的部分交换［Graphic technology — Prepress digital data exchange using PDF — Part 8: Partial exchange of printing data using PDF 1.6 （PDF/X-5）］
72	ISO 15930-8: 2010/Cor 1: 2011	印刷技术 印前数据交换 PDF 的使用 第8部分：使用 PDF 1.6（PDF/X-5）进行印刷数据的部分交换/技术勘误单：2011［Graphic technology — Prepress digital data exchange using PDF — Part 8: Partial exchange of printing data using PDF 1.6 （PDF/X-5） — Technical Corrigendum 1］
73	ISO 15930-9: 2020	印刷技术 印前数据交换 PDF 的使用 第9部分：使用 PDF2.0 完成印刷数据（PDF/X-6）完全交换以及使用外部特征文件参数（PDF/X-6p and PDF/X-6n）完成印刷数据部分交换［Graphic technology — Prepress digital data exchange using PDF — Part 9: Complete exchange of printing data （PDF/X-6） and partial exchange of printing data with external profile reference （PDF/X-6p and PDF/X-6n） using PDF 2.0］
74	ISO/TR 16066: 2003	印刷技术 用于彩色复制评估的标准物体彩色光谱数据库（SOCS）［Graphic technology — Standard object colour spectra database for colour reproduction evaluation （SOCS）］

续表

序号	标准号	标准名称
75	ISO 16612-1：2005	印刷技术 可变印刷数据交换 第1部分：使用 PPML 2.1 和 PDF 1.4（PPML/VDX-2005）[Graphic technology — Variable printing data exchange — Part 1: Using PPML 2.1 and PDF 1.4（PPML/VDX-2005）]
76	ISO 16612-2：2010	印刷技术 可变印刷数据交换 第2部分：使用 PDF/X-4 和 PDF/X-5（PDF/VT-1 与 PDF/VT-2）[Graphic technology — Variable data exchange — Part 2: Using PDF/X-4 and PDF/X-5（PDF/VT-1 and PDF/VT-2）]
77	ISO 16612-3：2020	印刷技术 可变印刷数据交换 第3部分：使用 PDF/X-6（PDF/VT-3）[Graphic technology — Variable data exchange — Part 3: Using PDF/X-6（PDF/VT-3）]
78	ISO 16613-1：2017	印刷技术 可变印刷数据交换 第1部分：使用 PDF/X 进行变量替换（PDF/VCR-1）[Graphic technology — Variable content replacement — Part 1: Using PDF/X for variable content replacement（PDF/VCR-1）]
79	ISO 16759：2013	印刷技术 印刷媒体产品中碳足迹计算的量化和通信（Graphic technology — Quantification and communication for calculating the carbon footprint of print media products）
80	ISO 16760：2014	印刷技术 印前数据交换 基于 RGB 的印刷工作流程中使用的 RGB 图像的准备和可视化（Graphic technology — Prepress data exchange — Preparation and visualization of RGB images to be used in RGB-based graphics arts workflows）
81	ISO 16762：2016	印刷技术 印后加工 转运、处理和储藏的通用要求 Graphic technology — Post-press — General requirements for transfer, handling and storage
82	ISO 16763：2016	印刷技术 印后加工 装订产品要求 Graphic technology — Post-press — Requirements for bound products
83	ISO 17972-1：2015	印刷技术 颜色数据交换格式（CxF/X）第1部分：与 CxF3（CxF/X）的关系 [Graphic technology — Colour data exchange format（CxF/X）— Part 1: Relationship to CxF3（CxF/X）]
84	ISO 17972-2：2016	印刷技术 颜色数据交换格式（CxF/X）第2部分：扫描仪目标数据（CxF/X-2）[Graphic technology — Colour data exchange format（CxF/X）— Part 2: Scanner target data（CxF/X-2）]
85	ISO 17972-3：2017	印刷技术 颜色数据交换格式（CxF/X）第3部分：输出目标（CxF/X-3）[Graphic technology — Colour data exchange format（CxF/X）— Part 3: Output target data（CxF/X-3）]

续表

序号	标准号	标准名称
86	ISO 17972-4:2018	印刷技术 颜色数据交换格式（CxF/X）第4部分：专色特性数据（CxF/X-4）[Graphic technology — Colour data exchange format (CxF/X) — Part 4: Spot colour characterisation data (CxF/X-4)]
87	ISO 18619:2015	印刷技术 色彩管理 黑点补偿（Graphic technology — Image technology colour management — Black point compensation）
88	ISO 18620:2016	印刷技术 印前数据交换 色调调整曲线交换（Graphic technology — Prepress data exchange — Tone adjustment curves exchange）
89	ISO/TS 18621-11:2019	印刷技术 印刷品图像质量评价方法 第11部分：色域分析（Graphic technology — Image quality evaluation methods for printed matter — Part 11: Colour gamut analysis）
90	ISO/TS 18621-21:2020	印刷技术 印刷品图像质量评价方法 第21部分：利用扫描光谱光度计测量宏观均匀性的一维变形（Graphic technology — Image quality evaluation methods for printed matter — Part 21: Measurement of 1D distortions of macroscopic uniformity utilizing scanning spectrophotometers）
91	ISO/TS 18621-31:2020	印刷技术 印刷品图像质量评价方法 第31部分：使用反差-分辨率图评估印刷系统的感知分辨率（Graphic technology — Image quality evaluation methods for printed matter — Part 31: Evaluation of the perceived resolution of printing systems with the Contrast-Resolution chart）
92	ISO 19301:2020	印刷技术 框架编写者指南 颜色质量管理模板（Graphic technology — Guidelines for schema writers — Template for colour quality management）
93	ISO 19302:2018	印刷技术 印刷工作流程的颜色符合性（Graphic technology — Colour conformity of printing workflows）
94	ISO/TS 19303-1:2020	印刷技术 模式编写指南 第1部分 包装印刷（Graphic technology — Guidelines for schema writers — Part 1: Packaging printing）
95	ISO 19445:2016	印刷技术 印刷工作流程的元数据 图像和文件打样的XMP元数据（Graphic technology — Metadata for graphic arts workflow — XMP metadata for image and document proofing）
96	ISO 19593-1:2018	印刷技术 使用PDF关联处理步骤和内容数据 第1部分：包装和标签的处理步骤（Graphic technology — Use of PDF to associate processing steps and content data — Part 1: Processing steps for packaging and labels）
97	ISO 19594:2017	印刷技术 测定无线胶订产品粘结强度的测试方法 向上拉的拉页测试（Graphic technology — Test method for the determination of the binding strength for perfect-bound products — Page-pull test working upwards）

续表

序号	标准号	标准名称
98	ISO 20294：2018	印刷技术 计算电子媒体碳足迹的量化和沟通（Graphic technology — Quantification and communication for calculating the carbon footprint of e-media）
99	ISO 20616-1：2021	印刷技术 质量控制和元数据文件格式 第1部分：印刷品要求 eXchange（PRX）[Graphic technology — File format for quality control and metadata — Part 1：Print requirements eXchange（PRX）]
100	ISO 20616-2：2020	印刷技术 质量控制和元数据文件格式 第2部分：印刷品质量 eXchange（PRX）[Graphic technology — File format for quality control and metadata — Part 2：Print Quality eXchange（PQX）]
101	ISO 20654：2017	印刷技术 专色色调值的测量与计算（Graphic technology — Measurement and calculation of spot colour tone value）
102	ISO 20677：2019	图像技术 颜色管理 架构、特征文件格式及数据结构的扩展（Image technology colour management — Extensions to architecture, profile format and data structure）
103	ISO 20690：2018	印刷技术 数字印刷设备的运行功率消耗测定（Graphic technology — Determination of the operating power consumption of digital printing devices）
104	ISO 21632：2018	印刷技术 包括过渡和相关模式在内的数字印刷设备能耗的测定（Graphic technology — Determination of the energy consumption of digital printing devices including transitional and related modes）
105	ISO 21632：2018/AMD 1：2020	印刷技术 包括过渡和相关模式在内的数字印刷设备能耗的测定 修订1（Graphic technology — Determination of the energy consumption of digital printing devices including transitional and related modes — Amendment 1）
106	ISO 21812-1：2019	印刷技术 PDF 文件的印刷品元数据 第1部分：元数据的体系结构和核心需求（Graphic technology — Print product metadata for PDF files — Part 1：Architecture and core requirements for metadata）
107	ISO/TS 21830：2018	图像技术 颜色管理 多颜色 ICC 特征文件的黑点补偿（Image technology colour management — Black point compensation for n-colour ICC profiles）
108	ISO 22934：2021	印刷技术 胶印油墨特性的表达（Graphic technology — Communication of offset ink properties）
109	ISO/TS 23031：2020	印刷技术 光谱光度计和光谱密度计的性能评估与验证（Graphic technology — Assessment and validation of the performance of spectrocolorimeters and spectrodensitometers）

续表

序号	标准号	标准名称
110	ISO 23498：2020	印刷技术 印刷白墨的视觉不透明度（Graphic technology — Visual opacity of printed white ink）
111	ISO/TS 23564：2020	图像技术颜色管理 ICC 特征文件中评价颜色转换的准确性（Image technology colour management — Evaluating colour transform accuracy in ICC profiles）
112	ISO 24487-1：2021	印刷技术 免处理平版 第1部分：特征和性能的评估方法（Graphic technology — Processless lithographic plates — Part 1：Evaluation methods for characteristics and performance）
113	ISO 28178：2009	印刷技术 使用 XML 或 ASCII 文本做颜色和过程控制的数据交换格式（Graphic technology — Exchange format for colour and process control data using XML or ASCII text）

来源：https://www.iso.org。

第三章 我国印刷标准

第一节 我国标准化组织

国家标准化管理委员会（SAC）(Standardization Administration of the People's Republic of China）成立于2001年4月，经国务院授权，负责全国标准化工作的统一管理、监督和统筹协调。

SAC代表中国加入国际标准化组织（ISO）、国际电工委员会（IEC）以及其他国际和地区标准化组织。SAC还负责组织中国ISO和IEC全国委员会的活动。

SAC负责下达国家标准计划，批准发布国家标准，审议并发布标准化政策、管理制度、规划、公告等重要文件；开展强制性国家标准对外通报；协调、指导和监督行业、地方、团体、企业标准相关工作；代表国家参加国际标准化组织、国际电工委员会和其他国际或区域性标准化组织；承担有关国际合作协议签署工作；承担国务院标准化协调机制日常工作。

《中华人民共和国标准化法》规定：国务院标准化行政主管部门统一管理全国标准化工作。国务院有关行政主管部门分工管理本部门、本行业的标准化工作。

县级以上地方人民政府标准化行政主管部门统一管理本行政区域内的标准化工作。县级以上地方人民政府有关行政主管部门分工管理本行政区域内本部门、本行业的标准化工作。

第二节 我国标准的制定

一、标准的分类

1. 按照标准化对象划分

按照标准化对象划分,通常把标准分为技术标准、管理标准和工作标准三大类。

（1）技术标准

技术标准是指对标准化领域中需要协调统一的技术事项所制定的标准。技术标准包括产品标准、过程标准、试验标准,以及认证、安全、卫生、环保标准等。

产品标准。产品标准是规定产品应该满足的要求,以确保产品适用性的标准。按照 ISO 对标准化对象的划分,产品标准是相对于过程标准和服务标准而言的一大类标准,与产品有关的标准都可以划入这一类别。

过程标准。过程标准是规定过程应该满足的要求,以确保过程适用性的标准。按照 ISO 对标准化对象的划分,过程标准是相对于产品标准和服务标准而言的一大类标准,与过程有关的标准都可以划入这一类别。

试验标准。试验标准是指与试验方法有关的标准,试验标准是规定试验过程的标准。

试验标准与产品适用性要求的项目是一一对应的,与样品采取的方法关系密切。试验标准首先明确的是试验方法的适用范围,它的主要内容是规定详细的操作步骤、结果的计算方法、有效性的验证方法以及安全警示内容。

有时试验标准附有与测试有关的其他内容,如简便的取样方法、统计方法的应用说明,当在一个样品上进行多项试验时,会说明各项试验之间的顺序。试验标准是数量较多的标准,也是被引用频率较高的标准。

认证标准。认证标准是供认证用的标准。所谓"认证"是由第三方对产品、过程或服务达到规定要求给出书面保证的程序。认证是专指第三方的合格评定程序。

（2）管理标准

管理标准是指对标准化领域中需要协调统一的管理事项所制定的标准。管理标准包括管理基础标准、技术管理标准、经济管理标准、行政管理标准、生产经营管理标准等。

（3）工作标准

工作标准是指对工作的责任、权利、范围、质量要求、程序、效果、检查方法、考核办法所制定的标准。工作标准一般包括部门工作标准和岗位（个人）工作标准。

2. 按标准性质划分

按标准性质划分,标准可以分为强制性国家标准和推荐性国家标准两类性质的标准。

（1）强制性国家标准（mandatory national standards）

对保障人身健康和生命财产安全、国家安全、生态环境安全以及满足经济社会管理基本需要的技术要求，应当制定强制性国家标准。

强制性国家标准由国务院批准发布或者授权批准发布。

法律、行政法规和国务院决定对强制性标准的制定另有规定的，从其规定。

我国国家标准代号是GB。例如，GB 37824—2019表示2019年由国家市场监督管理总局、中国国家标准化管理委员会颁布的强制性国家标准——《涂料、油墨及胶粘剂工业大气污染物排放标准》。

（2）推荐性国家标准（voluntary national standards）

对满足基础通用、与强制性国家标准配套、对各有关行业起引领作用等需要的技术要求，可以制定推荐性国家标准。

推荐性国家标准的代号为GB/T。例如，GB/T 17934.1—2021表示2021年由国家市场监督管理总局、中国国家标准化管理委员会颁布的推荐性国家标准——《印刷技术 网目调分色版、样张和生产印刷品的加工过程控制 第一部分：参数与测量方法》。

当推荐性标准被相关法律法规引用，则该推荐性标准具有相应的强制约束力，应当按法律法规规章的相关规定予以实施。此外，推荐性标准被企业在产品包装、说明书或者标准信息公共服务平台上自我声明公开的，企业必须执行该推荐性标准。

3. 按照标准的主体划分

根据《中华人民共和国标准化法》规定，我国的标准分为国家标准、行业标准、地方标准、团体标准、企业标准。

（1）国家标准（national standards）

国家标准是指由国家标准机构通过并公开发布的标准。

我国的国家标准是指在全国范围内需要统一的技术要求，由国务院标准化行政主管部门制定并在全国范围内实施的标准。例如，GB 25463—2010《油墨工业水污染物排放标准》、GB/T 30722—2014《水性油墨颜色的表示方法》分别是强制性国家标准以及推荐性国家标准。

（2）行业标准（sector standards）

行业标准是指由行业组织通过并公开发布的标准。我国的行业标准是指由国家有关行业行政主管部门公开发布的标准。

根据《中华人民共和国标准化法》规定，对没有推荐性国家标准、需要在全国某个行业范围内统一的技术要求，可以制定行业标准。行业标准由国务院有关行政主管部门制定，报国务院标准化行政主管部门备案。

《行业标准管理办法》（国家技术监督局令11号）规定，行业标准主管部门应在行业标准发布后一个月内，将已发布的该行业标准的文本、编制说明及发布文件一式两份，报送国务院标准化行政主管部门备案。备案的行业标准如违反国家有关法律、法规、强制性国家标准，国务院标准化行政主管部门责成有关部门纠正或停止施行。

各个行业的行业标准代号有所不同，我国行业标准的类别如表3-1所示，比如CY为新闻出版行业（印刷行业）标准代号，CY/T 3—1999 是新闻出版总署 1999 年颁布的新闻出版印刷行业标准——《色评价照明和观察条件》。

表 3-1 我国的行业标准类别

序号	标准类别	标准代号	行政主管部门	标准组织制定部门
1	安全生产	AQ	国家安全生产管理局	国家安全生产管理局
2	包装	BB	工业和信息化部	中国包装工业总公司
3	船舶	CB	国防科学工业委员会	中国船舶工业总公司
4	测绘	CH	国家测绘局	国家测绘局
5	城镇建设	CJ	住房和城乡建设部	住房和城乡建设部
6	新闻出版	CY	国家新闻出版总署	国家新闻出版总署
7	档案	DA	国家档案局	国家档案局
8	地震	DB	中国地震局	中国地震局
9	电力	DL	国家能源局	中国电力企业联合会
10	地质矿产	DZ	自然资源部	自然资源部
11	核工业	EJ	国防科学工业委员会	中国核工业总公司
12	纺织	FZ	工业与信息化部	中国纺织工业协会
13	公共安全	GA	公安部	公安部
14	供销	GH	中华全国供销合作总社	中华全国供销合作总社
15	国军标	GJB	国防科工委	国防科工委、中国人民解放军总装备部、总后勤部
16	广播电影电视	GY	国家广播电影电视总局	国家广播电影电视总局
17	航空	HB	国防科学工业委员会	中国航空工业总公司
18	化工	HG	工业与信息化部	中国石油和化学工业协会
19	环境保护	HJ	国家环境保护总局	国家环境保护总局
20	海关	HS	国家海关总署	国家海关总署
21	海洋	HY	国家海洋局	国家海洋局
22	机械	JB	工业和信息化部	中国机械工业联合会
23	建材	JC	工业和信息化部	中国建筑材料工业协会
24	建筑工业	JG	住房和城乡建设部	住房和城乡建设部
25	建工行标	JGJ	住房和城乡建设部	住房和城乡建设部
26	金融	JR	中国人民银行	中国人民银行

续表

序号	标准类别	标准代号	行政主管部门	标准组织制定部门
27	交通	JT	交通部	交通部
28	教育	JY	教育部	教育部
29	旅游	LB	国家旅游局	国家旅游局
30	劳动和劳动安全	LD	人力资源和社会保障部	人力资源和社会保障部
31	粮食	LS	国家粮食局	国家粮食局
32	林业	LY	国家林业局	国家林业局
33	民用航空	MH	中国民航管理总局	中国民航管理总局
34	煤炭	MT	国家能源局	中国煤炭工业协会
35	民政	MZ	民政部	民政部
36	能源	NB	国家能源局	国家能源局
37	农业	NY	农业农村部	农业农村部
38	轻工	QB	工业与信息化部	中国轻工业联合会
39	汽车	QC	工业与信息化部	中国机械工业联合会
40	航天	QJ	国防科学工业委员会	中国航天工业总公司
41	气象	QX	中国气象局	中国气象局
42	国内贸易	SB	商务部	商务部
43	水产	SC	农业农村部	农业农村部
44	石油化工	SH	国家能源局	中国石油和化学工业协会
45	电子	SJ	工业与信息化部	工业与信息化部
46	水利	SL	水利部	水利部
47	商检	SN	国家质量监督检验检疫总局	国家认证认可监督管理委员会
48	石油天然气	SY	国家能源局	中国石油和化学工业协会
49	海洋石油天然气（10000号以后）	SY	国家能源局	中国海洋石油总公司
50	铁道	TB	国家铁路局	国家铁路局
51	土地管理	TD	自然资源部	自然资源部
52	铁道交通	TJ	国家铁路局	国家铁路局
53	体育	TY	国家体育总局	国家体育总局

续表

序号	标准类别	标准代号	行政主管部门	标准组织制定部门
54	物资管理	WB	工业和信息化部	中国物流与采购联合会
55	文化	WH	文化和旅游部	文化和旅游部
56	兵工民品	WJ	国防科学工业委员会	中国兵器工业总公司
57	外经贸	WM	商务部	商务部
58	卫生	WS	国家卫生健康委员会	国家卫生健康委员会
59	文物保护	WW	国家文物局	国家文物局
60	稀土	XB	工业和信息化部	国家发改委稀土办公室
61	黑色冶金	YB	工业和信息化部	中国钢铁工业协会
62	烟草	YC	国家烟草专卖局	国家烟草专卖局
63	通信	YD	工业和信息化部	工业和信息化部
64	有色冶金	YS	工业和信息化部	中国有色金属工业协会
65	医药	YY	国家食品药品监督管理局	国家食品药品监督管理局
66	邮政	YZ	国家邮政局	国家邮政局
67	中医药	ZY	国家中医药管理局	国家中医药管理局

（3）地方标准（local standards）

根据《中华人民共和国标准化法》规定，为满足地方自然条件、风俗习惯等特殊技术要求，可以制定地方标准。地方标准由省、自治区、直辖市人民政府标准化行政主管部门报国务院标准化行政主管部门备案，由国务院标准化行政主管部门通报国务院有关行政主管部门。

地方标准的代号由"DB"和GB2260《行政区划分代码》中相应的行政区域代码组成。例如，DB11/ 1202—2015是北京市2015年颁布的地方标准——《印刷业挥发性有机物排放标准》；DB31/ 872—2015是上海市2015年颁布的地方标准——《印刷业大气污染物排放标准》；DB44/ 815—2010是广东省2010年颁布的地方标准——《印刷行业挥发性有机化合物排放标准》。

（4）团体标准（association standards）

团体标准是由团体按照团体确立的标准制定程序自主制定发布、由社会自愿采用的标准。社会团体可在没有国家标准、行业标准和地方标准的情况下制定团体标准，快速响应创新和市场对标准的需求，填补现有标准空白。

根据《中华人民共和国标准化法》规定，国家鼓励学会、协会、商会、联合会、产业技术联盟等社会团体协调相关市场主体共同制定满足市场和创新需要的团体标准，由本团体成员约定采用或者按照本团体的规定供社会自愿采用。

团体标准编号依次由团体标准代号(T)、社会团体代号、团体标准顺序号和年代号组成。例如，T/PTAC 001—2015 是中国印刷技术协会发布的团体标准——《绿色印刷材料分类方法及确认原则》，T/YNPACK 01—2018 是云南省包装行业协会发布的团体标准——《卷烟包装印刷品质量控制》。

制定团体标准，应当遵循开放、透明、公平的原则，保证各参与主体能够获取相关信息，反映各参与主体的共同需求，并应当组织对标准相关事项进行调查分析、实验、论证。

（5）企业标准（enterprise standards）

企业标准是由企业制定并由企业法人代表或其授权人批准、发布的标准。

根据《中华人民共和国标准化法》规定，企业可以根据需要自行制定企业标准，或者与其他企业联合制定企业标准。

国家支持在重要行业、战略性新兴产业、关键共性技术等领域利用自主创新技术制定团体标准、企业标准。

国家鼓励社会团体、企业制定高于推荐性标准相关技术要求的团体标准、企业标准。

《企业标准化管理办法》要求，企业标准编号由企业标准代号 Q、企业代号（企业简称的大写汉语拼音字母，一般不超过四个汉语拼音字母）、顺序号、年代号组成，且顺序号、年代号均为阿拉伯数字。例如，Q/320583LYYS—2020 为昆山市燎原印刷厂自我承诺的企业标准——《印刷检验标准》。

推荐性国家标准、行业标准、地方标准、团体标准、企业标准的技术要求不得低于强制性国家标准的相关技术要求。

二、制定标准的原则

《中华人民共和国标准化法》规定：制定标准应当有利于科学合理利用资源，推广科学技术成果，增强产品的安全性、通用性、可替换性，提高经济效益、社会效益、生态效益，做到技术上先进、经济上合理。禁止利用标准实施妨碍商品、服务自由流通等排除、限制市场竞争的行为。

制定标准时要遵循以下各项基本原则：

（1）符合国家的政策，贯彻国家的法律法规；

（2）积极采用国际标准；

（3）合理利用国家资源；

（4）充分考虑使用要求；

（5）技术先进、经济合理；

（6）技术标准间协调配套；

（7）广泛调动各方面的积极性；

（8）适时制定，适时复审。

三、标准的制定程序

国家标准的制定归纳起来共有以下几个步骤,如表3-2所示。

1. 预阶段(preliminary stage)

对将要立项的新工作项目进行研究及必要的论证,并在此基础上提出新工作项目建议,包括标准草案或标准大纲(如标准的范围结构及其相互关系等)(00阶段的成果:PWI)。

2. 立项阶段(proposal stage)

对新工作项目建议进行审查、汇总、协调、确定,直至下达《国家标准制、修订项目计划》(10阶段的成果:NP)。时间周期不超过三个月。

3. 起草阶段(preparatroy stage)

项目负责人组织标准起草工作直至完成标准草案征求意见稿(20阶段的成果:WD)。时间周期不超过十个月。

4. 征求意见阶段(committee stage)

将标准草案征求意见稿按有关规定分发征求意见。在返回意见的日期截止后,标准起草工作组应根据返回的意见,完成意见汇总处理表和标准草案送审稿(30阶段的成果:CD)。时间周期不超过五个月。

若回复意见要求对征求意见稿进行重大修改,则应分发第二征求意见稿(甚至第三征求意见稿)征求意见。此时,项目负责人应主动向有关部门提出延长或终止该项目计划的申请报告。

5. 审查阶段(voting stage)

对标准草案送审稿组织审查(会审或函审),并在(审查)协商一致的基础上,形成标准草案报批稿和审查会议纪要或函审结论(40阶段的成果:DS)。时间周期不超过五个月。

若标准草案送审稿没有被通过,则应分发第二标准草案送审稿,并再次进行审查。此时,项目负责人应主动向有关部门提出延长或终止该项目计划的申请报告。

6. 批准阶段(approval stage)

主管部门对标准草案报批稿及报批材料进行程序、技术审核。对不符合报批要求的,一般应退回有关标准化技术委员会或起草单位,限时解决问题后再行审核。时间周期不超过四个月。

国家标准技术审查机构对标准报批稿及报批材料进行技术审查,在此基础上,对报批稿完成必要的协调和完善工作。时间周期不超过三个月。

若报批稿中存在重大技术方面的问题或协调方面的问题,一般应退回部门或有关专业标准化技术委员会,限时解决问题后再行报批。

国务院标准化行政主管部门批准发布国家标准(50阶段的成果:FDS)。时间周期不超过一个月。

7. 出版阶段（publication stage）

将国家标准出版稿编辑出版，提供标准出版物（60阶段的成果：GB，GB/T，GB/Z）。时间周期不超过三个月。

8. 复审阶段（review stage）

对实施周期达五年的标准进行复审以确定是否确认（继续有效）、修改（通过技术勘误表或修改单）、修订（提交一个新工作项目建议列入工作计划）或废止。

9. 废止阶段（withdrawal stage）

对于经复审后确定为无存在必要的标准予以废止。

表 3-2 国家标准制定程序的阶段划分及代码

阶段代码	阶段名称	阶段任务	阶段成果	完成周期	WTO对应阶段	ISO/IEC对应阶段	对应条文
00	预阶段	提出新工作建议	PWI	—	—	00	3.1
10	立项阶段	提出新工作项目	NP	3	I	10	3.2
20	起草阶段	提出标准草案征求意见稿	WD	10	II	20	3.3
30	征求意见阶段	提出标准草案送审稿	CD	5	III	30	3.4
40	审查阶段	提出标准草案报批稿	DS	5	III	40	3.5
50	批准阶段	提供标准出版稿	FDS	8	IV	50	3.6
60	出版阶段	提供标准出版物	GB，GB/T，GB/Z	3	IV	60	3.7
90	复审阶段	定期复审	确认，修改，修订	60	V	90	3.8
95	废止阶段	废止标准	废止	—		95	3.9

注：WTO第V阶段的开始即为国家标准发布时确定的实施日期

来源：GB/T 16733—1997。

四、标准的编写

编写标准时应遵循国家标准 GB/T 1.1—2020《标准化工作导则 第 1 部分：标准化文件的结构和起草规则》。在编写相关内容时，文体尽量简单明了，通俗易懂，不产生歧义；在表达方式上，宜用文字的用文字，宜用图表的用图表。根据不同的技术内容，灵活运用适当的表述形式。

1. 国际标准采标

采标，是采用国际标准的简称，是指将国际标准的内容，经过分析研究和试验验证，等同或修改转化为我国标准（包括国家标准、行业标准、地方标准和企业标准），并按我国标准审批、发布程序审批、发布。

中国标准与国际标准的对应关系包括等同采用、修改采用、非等效三种方式（见表3-3）。其中，等同采用和修改采用属于采标。

表3-3 采用国际标准方法和一致性程度的对应关系

对应关系	采用方法	允许的编辑性修改	结构差异	允许的技术性差异
等同采用	认可法	无	无	无
	重新出版（重印、等同翻译）	有	无	无
修改采用	重新起草	有	有	有
非等效	重新起草	有	有	有

来源：ISO/IEC Guide 21。

（1）等同采用（IDT）

等同采用指与国际标准在技术内容和文本结构上相同，或者与国际标准在技术内容上相同，只存在少量编辑性修改。

等同采用（identical）的代号是IDT。

（2）修改采用（MOD）

修改采用指与国际标准之间存在技术性差异，并清楚地标明这些差异以及解释其产生的原因，允许包含编辑性修改。修改采用不包括只保留国际标准中少量或者不重要的条款的情况。修改采用时，中国标准与国际标准在文本结构上应当对应，只有在不影响与国际标准的内容和文本结构进行比较的情况下才允许改变文本结构。

修改采用（modified）的代号是MOD。

（3）非等效（NEQ）

非等效指与相应国际标准在技术内容和文本结构上不同，它们之间的差异没有被清楚地标明。非等效还包括在中国标准中只保留了少量或者不重要的国际标准条款的情况。

非等效（not equivalent）的代号是NEQ。

根据国际标准制定的中国标准应当在封面标明和前言中叙述该国际标准的编号、名称和采用程度；在标准中引用采用国际标准的中国标准，应当在"规范性引用文件"一章中标明对应的国际标准编号和采用程度，标准名称不一致的，应当给出国际标准名称（见图3-1）。

图 3-1 国家标准封面格式

2. 能愿动词的使用

根据国家标准 GB/T 1.1—2020《标准化工作导则 第 1 部分：标准化文件的结构和起草规则》的规定，标准文件中条款类型的表述使用的能愿动词或句子语气类型应遵守下列规定。

（1）要求

表示需要满足的要求应使用表 3-4 所示的能愿动词。

表 3-4 要 求

能愿动词	在特殊情况下使用的等效表述
应	应该 只准许
不应	不应该 不准许

不使用"必须"作为"应"的替代词，以避免将文件的要求与外部约束相混淆；
不使用"不可""不得""禁止"代替"不应"来表示禁止；
不应使用诸如"应足够坚固""应较为便捷"等定性要求

来源：GB/T 1.1—2020 附录 C。

（2）指示

在规程或试验方法中表示直接的指示，如需要履行的行动、采取的步骤等，应使用表 3-5 所示的祈使句。

表 3-5　指示

句子语气类型	典型表述用词
祈使句	—

例如，"开启记录仪""在……事前不启动该机械装置"

来源：GB/T 1.1—2020 附录 C。

（3）推荐

表示推荐或指导应使用表 3-6 所示的能愿动词，其中肯定形式用来表达建议的可能选择或认为特别适合的行动步骤，无须提及或排除其他可能性；否定形式用来表达某种可能选择或行动步骤不是首选的但也不是禁止的。

表 3-6　推荐

能愿动词	在特殊情况下使用的等效表述
宜	推荐 建议
不宜	不推荐 不建议

来源：GB/T 1.1—2020 附录 C。

（4）允许

表示允许应使用表 3-7 所示的能愿动词。

表 3-7　允许

能愿动词	在特殊情况下使用的等效表述
可	可以 允许
不必	可以不 无须

在这种情况下，不使用"能"代替"可"。

注："可"是文件表达的允许，而"能"指主、客观原因导致的能力，"可能"指主、客观原因导致的可能性

来源：GB/T 1.1—2020 附录 C。

（5）陈述

表示需要去做或完成指定事项的才能、适应性或特性等能力应使用表 3-8 所示的能愿动词。

表 3-8 能力

能愿动词	在特殊情况下使用的等效表述
能	能够
不能	不能够 无须
在这种情况下，不使用"可"代替"能"	

来源：GB/T 1.1—2020 附录 C。

表示预期的或可想到的物质、生理或因果关系导致的结果应使用表 3-9 所示的能愿动词。

表 3-9 可能性

能愿动词	在特殊情况下使用的等效表述
可能	有可能
不可能	没有可能
在这种情况下，不使用"可"代替"可能"	

来源：GB/T 1.1—2020 附录 C。

一般陈述的表述应使用陈述句，如表 3-10 所示。

表 3-10 一般性陈述

句子语气类型	典型表述用词
陈述句	是、为、由、给出等
例如，"章是文件层次划分的基本单元""再下方为附录标题""文件名称由尽可能短的几种元素组成""封面这一要素用来给出标明文件的信息"	

来源：GB/T 1.1—2020 附录 C。

第三节 印刷技术标准

一、全国印刷标准技术化委员会 SAC/TC 170

为充分发挥印刷生产、使用、经销、科研、教学和监督检验、认证认可等方面专家、工程技术人员的作用，加快印刷标准的制定、修订进度，积极采用国际标准和国外先进标准，提高标准质量，推动我国印刷产业的健康发展，经国家标准化管理委员会批准成立全国印刷标准化技术委员会（简称印刷标委会，下同），代号为 SAC/TC 170，英文名称为 National Technical Committee 170 on Printing of Standardization Administration of China。

全国印刷标准化技术委员会（SAC/TC 170）是在国家新闻出版广电总局、国家标准化管理委员会领导下从事全国性印刷技术标准化的工作组织，负责全国印刷技术领域的标准化归口管理工作。

全国印刷标准化技术委员会（SAC/TC 170）在国家有关方针政策的指导下，负责提出印刷标准化的工作方针、政策和技术措施，组织行业内相关国家标准和行业标准的制、修订工作。作为唯一与国际标准化组织印刷技术委员会（ISO/TC 130）对应的中国印刷标准化机构，承担着国际印刷技术标准的投票表决工作（P 成员）。受国家标准化管理委员会和新闻出版总署统一规划和管理，委员由有关部门专业人员组成。

印刷标委会委员（简称委员，下同）由印刷专业的生产、使用、经销、科研、教学和监督检验等方面具有较高理论水平和较丰富实践经验，热心标准化工作，积极参加标准化各项活动的科技人员担任。

二、现行印刷国家标准

由全国印刷技术标准化委员会归口负责制定和颁布的国家标准如表 3-11 所示。

表 3-11 全国印刷技术标准化委员会归口负责制定和颁布的国家标准

标准号	标准名称
GB/T 788—1999	图书和杂志开本及其幅面尺寸
GB/T 7705—2008	平版装潢印刷品
GB/T 7706—2008	凸版装潢印刷品
GB/T 7707—2008	凹版装潢印刷品
GB/T 9851.1—2008	印刷技术术语 第 1 部分：基本术语
GB/T 9851.2—2008	印刷技术术语 第 2 部分：印前术语
GB/T 9851.3—2008	印刷技术术语 第 3 部分：凸版印刷术语
GB/T 9851.4—2008	印刷技术术语 第 4 部分：平版印刷术语
GB/T 9851.5—2008	印刷技术术语 第 5 部分：凹版印刷术语
GB/T 9851.6—2008	印刷技术术语 第 6 部分：孔版印刷术语
GB/T 9851.7—2008	印刷技术术语 第 7 部分：印后加工术语
GB/T 9851.8—2013	印刷技术术语 第 8 部分：数字印刷术语
GB/T 9851.9—2017	印刷技术术语 第 9 部分：书刊印刷术语

续表

标准号	标准名称
GB/T 14706—1993	校对符号及其用法
GB/T 14707—1993	图像复制用校对符号
GB/T 15110—1994	印刷定位系统
GB/T 15467—1995	印刷技术 单张纸印刷机 尺寸系列
GB/T 17155—1997	胶印版 尺寸
GB/T 17497.1—2012	柔性版装潢印刷品 第1部分：纸张类
GB/T 17497.2—2012	柔性版装潢印刷品 第2部分：塑料与金属箔类
GB/T 17497.3—2012	柔性版装潢印刷品 第3部分：瓦楞纸板类
GB/T 17934.1—2021	印刷技术 网目调分色版、样张和生产印刷品的加工过程控制 第1部分：参数与测量方法
GB/T 17934.2—2021	印刷技术 网目调分色版、样张和生产印刷品的加工过程控制 第2部分：平版胶印
GB/T 17934.3—2003	印刷技术 网目调分色片、样张和印刷成品的加工过程控制 第3部分：新闻纸的冷固型油墨胶印
GB/T 17934.5—2012	印刷技术 网目调分色版、样张和印刷成品的加工过程控制 第5部分：网版印刷
GB/T 17934.6—2014	印刷技术 网目调分色版、样张和印刷成品的加工过程控制 第6部分：柔性版印刷
GB/T 17934.7—2021	印刷技术 网目调分色版、样张和生产印刷品的加工过程控制 第7部分：直接使用数字数据的打样过程
GB/T 17934.8—2021	印刷技术 网目调分色版、样张和生产印刷品的加工过程控制 第8部分：直接使用数字数据的验证印刷品制作过程
GB/T 18359—2009	中小学教科书用纸、印制质量要求和检验方法
GB/T 18720—2002	印刷技术 印刷测控条的应用
GB/T 18721.1—2002	印刷技术 印前数据交换 CMYK标准彩色图像数据（CMYK/SCID）
GB/T 18721.2—2017	印刷技术 印前数据交换 第2部分：XYZ/sRGB编码的标准彩色图像数据（XYZ/SCID）
GB/T 18722—2002	印刷技术 反射密度测量和色度测量在印刷过程控制中的应用
GB/T 18723—2002	印刷技术 用黏性仪测定浆状油墨和连接料的黏性
GB/T 19437—2004	印刷技术 印刷图像的光谱测量和色度计算
GB/T 20439—2006	印刷技术 印前数据交换 用于四色印刷特征描述的输入数据
GB/T 22113—2008	印刷技术 印前数据交换 用于图像技术的标签图像文件格式（TIFF/IT）
GB/T 23649—2009	印刷技术 过程控制 印刷用反射密度计的光学、几何学和测量学要求
GB 27934.1—2011	纸质印刷品覆膜过程控制及检测方法 第1部分：基本要求

续表

标准号	标准名称
GB/T 27934.2—2011	纸质印刷品覆膜过程控制及检测方法 第2部分：乙烯－醋酸乙烯共聚物（EVA）热熔胶预涂覆膜
GB/T 27934.3—2011	纸质印刷品覆膜过程控制及检测方法 第3部分：水基胶黏剂即涂干式覆膜
GB/T 27934.4—2011	纸质印刷品覆膜过程控制及检测方法 第4部分：反应型聚氨酯（PUR）热熔胶即涂覆膜
GB/T 27935.1—2016	印刷技术 印前数据交换 PDF 的使用 第1部分：使用 CMYK 数据的完整数据交换（PDF/X—1 和 PDF/X—1a）
GB/T 27935.3—2011	印刷技术 印前数据交换 PDF 的使用 第3部分：颜色管理工作流程中的完整数据交换（PDF/X—3）
GB/T 27937.4—2011	MPR 出版物 第4部分：MPR 码符号印制质量要求及检验方法
GB/T 30324—2013	数字印刷的分类
GB/T 30325—2013	精装书籍要求
GB/T 30326—2013	平装书籍要求
GB/T 30327—2013	印后加工一般要求
GB/T 30328—2013	印后加工材料分类
GB/T 30329.1—2013	印刷技术 四色印刷油墨颜色和透明度 第1部分：单张纸和热固型卷筒纸胶印
GB/T 30329.5—2019	印刷技术 四色印刷油墨颜色和透明度 第5部分：柔性版印刷
GB/T 30671—2014	纸质印刷品紫外线固化光油上光过程控制要求及检验方法
GB/T 33244—2016	数字硬打样系统质量要求及检验方法
GB/T 33248—2016	印刷技术 胶印橡皮布
GB/T 33254—2016	包装印刷材料分类
GB/T 33255—2016	包装印刷产品分类
GB/T 33258—2016	热固型轮转胶印涂布纸印刷适性要求及检验方法
GB/T 33259—2016	数字印刷质量要求及检验方法
GB/T 33713—2017	热固型轮转胶印过程控制要求及检测方法
GB/T 34053.1—2017	纸质印刷产品印制质量检验规范 第1部分：术语
GB/T 34053.2—2017	纸质印刷产品印制质量检验规范 第2部分：抽样判定规则
GB/T 34053.3—2017	纸质印刷产品印制质量检验规范 第3部分：图书期刊
GB/T 34053.4—2017	纸质印刷产品印制质量检验规范 第4部分：中小学教科书
GB/T 34053.5—2017	纸质印刷产品印制质量检验规范 第5部分：报纸

续表

标准号	标准名称
GB/T 34053.6—2017	纸质印刷产品印制质量检验规范 第6部分：折叠纸盒
GB/T 34688—2017	数字印刷纸张印刷适性及检验方法
GB/T 34690.1—2017	印刷技术 胶印数字化过程控制 第1部分：概述
GB/T 34690.2—2017	印刷技术 胶印数字化过程控制 第2部分：作业环境
GB/T 34690.3—2017	印刷技术 胶印数字化过程控制 第3部分：原始资料的接收和处理
GB/T 34690.4—2017	印刷技术 胶印数字化过程控制 第4部分：输出文件制
GB/T 34690.5—2017	印刷技术 胶印数字化过程控制 第5部分：软打样
GB/T 34690.6—2017	印刷技术 胶印数字化过程控制 第6部分：数字硬打样
GB/T 34690.7—2017	印刷技术 胶印数字化过程控制 第7部分：计算机直接制版
GB/T 34690.8—2017	印刷技术 胶印数字化过程控制 第8部分：胶印设备
GB/T 34690.9—2017	印刷技术 胶印数字化过程控制 第9部分：印刷
GB/T 34690.10—2018	印刷技术 胶印数字化过程控制 第10部分：评价方法
GB/T 35398—2017	书刊印刷产品分类
GB/T 36059—2018	纸包装凹版印刷过程质量控制及检验方法
GB/T 36060—2018	精装书籍用水基胶黏剂粘接过程控制要求及检验方法
GB/T 36062—2018	数字印刷系统的使用要求及检验方法
GB/T 36064—2018	塑料软包装凹版印刷过程质量控制及检验方法
GB/T 36598—2018	数字印刷 喷墨印刷图像质量属性的测试方法

来源：全国标准信息公共服务平台 https://std.samr.gov.cn。

三、现行印刷行业标准

由全国印刷技术标准化委员会归口负责制定和颁布的行业标准如表3-12所示。

表3-12 全国印刷技术标准化委员会归口负责制定和颁布的行业标准

标准号	标准名称
CY/T 1—1999	书刊印刷产品分类
CY/T 3—1999	色评价照明和观察条件
CY/T 5—1999	平版印刷品质量要求及检验方法
CY/T 6—1991	凹版印刷品质量要求及检验方法
CY/T 9—2017	电子雕刻凹版技术要求及检验方法

续表

标准号	标准名称
CY/T 12—1995	书刊印刷品检验抽样规则
CY/Z 22—2011	印刷标准体系表
CY/Z 26—2017	绿色印刷标准体系表
CY/Z 28—2019	包装印刷标准体系表
CY/Z 29—2019	书刊印刷标准体系表
CY/Z 30—2019	网版印刷标准体系表
CY/Z 31—2019	印刷智能制造标准体系表
CY/T 30—1999	印刷技术 胶印印版制作
CY/T 40—2007	书刊装订用EVA型热熔胶使用要求及检测方法
CY/T 49.1—2008	商业票据印制 第1部分：通用技术要求
CY/T 49.2—2008	商业票据印制 第2部分：折叠式票据
CY/T 49.3—2008	商业票据印制 第3部分：卷式票据
CY/T 49.4—2008	商业票据印制 第4部分：本式票据
CY/T 59—2009	纸质印刷品模切过程控制及检测方法
CY/T 60—2009	纸质印刷品烫印与压凹凸过程控制及检测方法
CY/T 61—2009	纸质印刷品制盒过程控制及检测方法
CY/Z 22—2011	印刷标准体系表
CY/T 87—2012	印刷加工用水基胶粘剂有害物质限量
CY/T 92—2013	纸板类儿童书籍纸板粘合过程控制要求及检测方法
CY/T 93—2013	印刷技术 不干胶标签质量要求及检验方法
CY/T 104.1—2014	印刷技术 纸和纸板印刷适性测试方法 第1部分：术语
CY/T 104.2—2014	印刷技术 纸和纸板印刷适性测试方法 第2部分：印刷适性仪基本要求
CY/T 104.3—2014	印刷技术 纸和纸板印刷适性测试方法 第3部分：印刷渗透性
CY/T 104.4—2014	印刷技术 纸和纸板印刷适性测试方法 第4部分：印刷均匀性
CY/T 104.5—2014	印刷技术 纸和纸板印刷适性测试方法 第5部分：油墨转移量
CY/T 104.6—2014	印刷技术 纸和纸板印刷适性测试方法 第6部分：透印
CY/T 104.7—2014	印刷技术 纸和纸板印刷适性测试方法 第7部分：印刷粗糙度
CY/T 104.8—2014	印刷技术 纸和纸板印刷适性测试方法 第8部分：粘脏
CY/T 104.9—2014	印刷技术 纸和纸板印刷适性测试方法 第9部分：凹印网点漏印

续表

标准号	标准名称
CY/T 109—2014	书刊装订用反应型聚氨酯热熔胶（PURHM）使用要求及检验方法
CY/T 127—2015	用于纸质印刷品的印刷材料挥发性有机化合物检测试样的制备方法
CY/T 128—2015	印刷技术 匹配颜色特征化数据集的印刷系统调整方法
CY/T 129—2015	绿色印刷 术语
CY/T 130.1—2015	绿色印刷 通用技术要求与评价方法 第1部分：平版印刷
CY/T 130.2—2017	绿色印刷 通用技术要求与评价方法 第2部分：凹版印刷
CY/T 130.3—2020	绿色印刷 通用技术要求与评价方法 第3部分：纸质柔性版印刷
CY/T 130.4—2020	绿色印刷 通用技术要求与评价方法 第4部分：塑料柔性版印刷
CY/T 131—2015	绿色印刷 产品抽样方法及测试部位确定原则
CY/T 132.1—2015	绿色印刷 产品合格判定准则 第1部分：阅读类印刷品
CY/T 132.2—2017	绿色印刷 产品合格判定准则 第2部分：包装类印刷品
CY/T 144—2015	网版印刷 感光胶使用性能要求及检验方法
CY/T 146—2016	网版印刷 环保型水基印花胶浆的使用要求及检验方法
CY/T 147—2016	网版印刷 聚氨酯胶刮使用要求及检验方法
CY/T 148—2016	聚甲基丙烯酸甲酯（PMMA）镜面装饰面板质量要求及检验方法
CY/T 156—2017	印刷品裱贴瓦楞纸板过程控制要求及检验方法
CY/T 157—2017	印刷品外观质量视觉检测系统使用要求和检验方法
CY/T 190—2019	涂布纸板胶印过程控制要求及检验方法
CY/T 191—2019	印刷技术 雕版印刷技艺
CY/T 192—2019	网版印刷 网版制作要求及检验方法
CY/T 193—2019	网版印刷 印花硅胶使用要求及检验方法
CY/T 194—2019	冷烫印过程控制要求及检验方法
CY/T 195—2019	绿色印刷 书刊柔性版印刷过程控制要求及检验方法
CY/T 196—2019	网版印刷 服装涂料印花过程控制要求及检验方法
CY/T 197—2019	新闻纸冷固型胶印报纸印刷质量评价方法
CY/T 198—2019	无碳复写纸本式联单印制通用技术要求
CY/T 199—2019	包装印刷通用设计规范
CY/T 200—2019	书刊印刷通用设计规范
CY/T 201—2019	纸质凹版印刷产品质量要求及检验方法

续表

标准号	标准名称
CY/T 202—2019	凹印联线复合剥离过程控制要求及检验方法
CY/T 203—2019	无溶剂复合过程控制要求及检验方法
CY/T 204—2019	印刷产品分类及编码方法
CY/T 205—2019	网版印刷 纺织印花颜料色浆使用要求及检验方法
CY/T 210—2020	瓦楞纸板柔性版印刷过程控制要求
CY/T 211—2020	卷筒料凹版印刷机维护保养规程
CY/T 212—2020	单张纸胶印机适印状态要求及检验方法
CY/T 213—2020	单张纸胶印机维护保养规程
CY/T 214—2020	单张金属板材胶印产品质量要求及检验方法
CY/T 215—2020	单张金属板材胶印生产过程控制要求及检验方法
CY/T 216—2020	胶印橡皮布使用保养规程
CY/T 217—2020	数字印刷 卷筒纸喷墨书刊印刷规范
CY/T 218—2020	卷筒塑料薄膜精密涂布过程控制要求及检验方法
CY/T 219—2020	纸质印刷品紫外光固化胶印过程控制要求及检验方法
CY/T 220—2020	卷筒纸圆压圆模切与印制质量联线检测要求及检验方法
CY/T 222—2020	柔性版制版过程控制要求及检测方法
CY/T 223—2020	网版印刷 纯棉针织布活性染料印花生产过程控制要求及检验方法
CY/T 225—2020	空心凹印版辊规格尺寸分类
CY/T 226.1—2020	化妆品类包装印刷品质量控制要求及检验方法 第1部分：纸包装
CY/T 226.2—2020	化妆品类包装印刷品质量控制要求及检验方法 第2部分：软管包装
CY/T 227—2020	柔性版印刷紫外光固化油墨使用要求及检验方法
CY/T 228—2020	绿色印刷材料 胶印橡皮布
CY/T 229—2020	阅读类印刷品中挥发性有机化合物的测定 气候舱法
CY/T 230—2020	阅读类印刷品中挥发性有机化合物检测用气候舱通用技术条件
CY/T 221—2020	折叠纸盒卷筒纸无缝印制基本要求及检验方法
CY/T 224—2020	折叠纸盒用胶黏剂粘结性能要求及检验方法
CY/T 241—2021	印刷智能制造术语
CY/T 242—2021	印刷智能工厂参考模型
CY/T 243—2021	印刷智能工厂构建规范

续表

标准号	标准名称
CY/T 244—2021	印刷智能工厂 制造执行系统（MES）功能体系结构
CY/T 245—2021	印刷产品智能设计与仿真指南
CY/T 246—2021	数字印刷 书刊印制信息交换规范
CY/T 248—2021	印刷类柔性透明薄膜电子器件质量要求
CY/T 250—2021	绿色印刷 转移接装纸印制过程控制要求

来源：行业标准信息服务平台 https://hbba.sacinfo.org.cn。

四、现行印刷地方标准

由各省、自治区、直辖市及各地级市颁布的印刷相关标准如表3-13所示。

表3-13 各省、自治区、直辖市及各地级市颁布的印刷相关标准

标准号	标准名称	地区
DB23/T 1496.28—2021	劳动防护用品配备 第28部分：印刷和记录媒介复制人员	黑龙江省
DB12/T 724.16—2021	安全生产等级评定技术规范 第16部分：印刷企业	天津市
DB3418/T 001—2019	机械书画纸印刷适应性的测定方法	宣城市
DB42/ 1538—2019	湖北省印刷行业挥发性有机物排放标准	湖北省
DB41/ 1956—2020	印刷工业挥发性有机物排放标准	河南省
DB61/T 1065—2017	机组式凹版印刷机维护保养技术规范	陕西省
DB61/T 1066—2017	卫星式柔版印刷机维护保养技术规范	陕西省
DB37/ 2801.4—2017	挥发性有机物排放标准 第4部分：印刷业	山东省
DB37/T 3648—2019	印刷企业安全生产风险管控和隐患排查治理体系建设实施指南	山东省
DB21/ 3161—2019	印刷业挥发性有机物排放标准	辽宁省
DB36/ 1101.1—2019	挥发性有机物排放标准 第1部分：印刷业	江西省
DB35/ 1784—2018	印刷行业挥发性有机物排放标准	福建省
DB22/T 2789—2017	印刷业挥发性有机化合物排放标准	吉林省
DB11/T 1322.16—2017	安全生产等级评定技术规范 第16部分：印刷企业	北京市
DB35/T 1616—2016	鞋面印刷图层通用技术条件	福建省
DB31/ 872—2015	印刷业大气污染物排放标准	上海市
DB11/ 1202—2015	印刷业挥发性有机物排放标准	北京市

续表

标准号	标准名称	地区
DB37/ 784—2015	书写印刷用纸单位产品综合能耗限额	山东省
DB11/T 1137—2014	清洁生产评价指标体系 印刷业	北京市
DB44/T 1138—2013	空调器印刷电路板组件（PCBA）无铅焊点可靠性试验方法及质量要求	广东省
DB32/ 2534—2013	书写印刷用纸单位产品综合能耗限额及计算方法	江苏省
DB32/T 2038—2012	雕版印刷技艺	江苏省
DB13/T 1466—2011	瓦楞纸板多功能印刷机	河北省
DB44/ 815—2010	印刷行业挥发性有机化合物排放标准	广东省
DB44/T 760—2010	印刷废液中苯、甲苯、二甲苯的检测方法	广东省

来源：地方标准信息服务平台 https://dbba.sacinfo.org.cn/。

五、现行印刷团体标准

表 3-14 仅列出由全国印刷技术标准化委员会归口负责制定的团体标准，其他团体标准参见全国团体标准信息平台。

表 3-14 全国印刷技术标准化委员会制定的团体标准

标准号	标准名称
T/PTAC 001—2015	绿色印刷材料分类方法及确认原则
T/PTAC 002—2016	印刷产品碳足迹评价方法
T/PTAC 003—2016	印刷企业温室气体排放核算与报告要求
T/PTAC 004—2019	印刷智能仓储系统构建指南
T/PTAC 005—2020	纺织品印花皮膜柔软度试验方法
T/PTAC 006—2020	纺织品印花皮膜透气性试验方法

来源：全国团体标准信息平台 https://www.ttbz.org.cn。

六、印刷相关的环保标准

印刷相关的国家生态环境标准如表 3-15 所示。

表 3-15 印刷相关国家生态环境标准

标准号	标准名称
HJ 2503—2011	环境标志产品技术要求 印刷 第一部分：平版印刷
HJ 2530—2012	环境标志产品技术要求 印刷 第二部分：商业票据印刷

续表

标准号	标准名称
HJ 2539—2014	环境标志产品技术要求 印刷 第三部分：凹版印刷
HJ 1066—2019	排污许可证申请与核发技术规范 印刷工业
HJ 1089—2020	印刷工业污染防治可行技术指南
HJ 1163—2021	包装印刷业有机废气治理工程技术规范

来源：中华人民共和国生态环境部 https://www.mee.gov.cn/。

第四章 印刷标准应用

第一节 ISO 印刷标准的使用

印刷是由印刷买家开始，经过"创意设计→图文信息处理→印刷→印后加工→用户"的一个完整的流程，印刷供应链的组成取决于制造的产品种类和印刷活件的规模。供应链中的每个参与者或利益相关者可能是一个人、一家小公司或一个大的企业或机构。根据印刷供应链的数字化要求，无论利益相关者机构的规模如何，其所使用的工具、方法和生产标准都可以是相同的。一个自由职业设计师可以使用与一个大型跨国机构相同的软件并提供相同的结果，没有技术理由不使用相同的标准。无论公司规模大小，所有印刷公司都可以使用已发布的国际标准来支持其业务，并协调生产工作流程。一家具有同等质量水平生产能力的小型印刷公司，如果遵守 ISO 标准，就可以与大公司展开竞争或合作。

ISO/TC 130 所制定的国际印刷标准提供了关于印刷各流程的活动规则、特性、指南以及印刷工作流程中涉及的材料、设备和系统的要求。特别是过程控制标准，对稳定生产及稳定质量产品提供了基本的保证。

ISO/TC 130 下分不同的工作组 WG（work group），分别由来自印刷及其相关行业不同领域的专家组成，负责制定整个印刷流程中不同阶段、供应链不同方面的技术标准。各工作组的范围不同，其所制定的标准反映不同方面的内容。表 4-1 列出了 ISO/TC 130 下属各工作组范围。

表 4-1　ISO/TC 130 各工作组范围

编号与名称 Number & Title	范围 Scope
ISO/TC 130 WG1 术语	本工作组工作主要涉及印刷技术领域的术语，包括其他工作组使用的术语及定义，以及文本校对标准。
ISO/TC 130 WG 2 印前数据交换	制定印刷生产中数字数据交换标准
ISO/TC 130 WG 3 印刷过程控制及相关度量	过程控制度量及相关文件的标准化
ISO/TC 130 WG 4 媒介及材料	制定与审查 TC130 范畴内使用的材料的相关标准及文件
ISO/TC 130 WG 5 人机工程与安全	制定以下方面的国际安全标准： • 印前与印刷设备及系统 • 装订与表面整饰设备及系统 • 加工设备及系统 • 独立平压设备
ISO/TC 130 JWG 7 色彩管理	色彩管理
ISO/TC 130 WG10 安全印刷过程管理	安全印刷过程管理
ISO TC 130 WG 11 印刷技术对环境的影响	TC 130 范围内印刷材料对环境影响的相关标准
ISO/TC 130 WG 12 印后加工	制定与审查印后领域中有关工艺、过程控制、检验、测量等标准及其他文件
ISO/TC 130 JWG 14 印刷质量检测方法	制定印刷质量测量方法标准。这些测量方法适用于任何印刷技术印刷的印刷品，以及验证有效性与必要性
ISO/TC 130 TF3 工作流程标准规划	协助秘书处更新 TC130 的范围及战略规划，以及维护 TC130 网站

根据各个工作组的范围，其制定发布的国际标准可以分为印前、印刷、印后加工三个基本阶段的生产标准以及与整个生产相关的术语、材料、测量与检测、设备安全、环境评价等几大类。表 4-2 所示对 ISO/TC 130 已颁布的国际标准进行了归纳说明。

表 4-2　ISO/TC 130 已颁布国际标准分类

序号	标准号	标准名称	制定标准的工作组
一、术语			
1	ISO 5776：2016	印刷技术 文字校对符号	WG 1
2	ISO 12637-1：2006	印刷技术 术语 第 1 部分：基本原则	WG1
3	ISO 12637-2：2008	印刷技术 术语 第 2 部分：印前术语	WG1
4	ISO 12637-3：2009	印刷技术 术语 第 3 部分：印刷术语	WG1
5	ISO 12637-4：2008	印刷技术 术语 第 4 部分：印后术语	WG1
二、媒介与材料			
1	ISO 11084-1：1993	印刷技术 照相材料、金属箔和纸张的定位系统 第 1 部分：三孔系统	WG4
2	ISO 11084-2：2006	印刷技术 照相材料、金属箔和纸张的定位系统 第 2 部分：制版中的定位销系统	WG4
3	ISO 12040：1997	印刷技术 印刷及印刷油墨 用滤光氙弧灯评定耐光性	WG4
4	ISO 12635：2021	印刷技术 胶印印版 尺寸	WG4
5	ISO 12636：2018	印刷技术 胶印橡皮布	WG4
6	ISO 15397：2014	印刷技术 印刷用纸性能	WG4
7	ISO 22934：2021	印刷技术 胶印油墨特性的表达	WG4
8	ISO 24487-1：2021	印刷技术 免处理平版 第 1 部分：特征和性能的评估方法	WG4
三、测量与测试			
1	ISO 2834-1：2020	印刷技术 印刷测试的实验室准备 第 1 部分：浆状油墨	WG 4
2	ISO 2834-2：2015	印刷技术 印刷测试的实验室准备 第 2 部分：液态油墨	WG 4
3	ISO 2834-3：2008	印刷技术 印刷测试的实验室准备 第 3 部分：网版印刷油墨	WG 4
4	ISO 2836：2004	印刷技术 印刷及印刷油墨 印刷品耐各种试剂性能的评定	WG 4
5	ISO 12040：1997	印刷技术 印刷及印刷油墨 用滤光氙弧灯评定耐光性	WG 4
6	ISO 12632：2015	印刷技术 油墨，纸张及标签 热碱渗透及阻力要求	WG 4
7	ISO 12634：2017	印刷技术 用旋转粘度计测定油墨和连结料的粘性	WG4
8	ISO 12644：1996	印刷技术 采用落杆粘度计对浆状油墨和载色体流变性的测定	WG4

续表

序号	标准号	标准名称	制定标准的工作组
9	ISO 12645：1998	印刷技术 过程控制 透射密度计在不透明区校准用的检定参照样	WG3
10	ISO/TR 12705：2011	印刷技术 平版印刷中化学鬼影的实验室测试方法	WG4
11	ISO 13655：2017	印刷技术 印刷图片的光谱测量和色度计算	JWG8
12	ISO 15341：2014	印刷技术 印刷滚筒的半径测定办法	WG 4
13	ISO 15790：2004	印刷技术和摄影术 反射和透射计量用认证标准物质 包括组合标准不确定度的测定在内的文档使用及程序	WG6
14	ISO/TS 18621-11：2019	印刷品图像质量评价方法 第11部分：色域分析	JWG14
15	ISO/TS 18621-21：2020	印刷技术 印刷品图像质量评价方法 第21部分：利用扫描光谱光度计测量宏观均匀性的一维变形	JWG14
16	ISO/TS 18621-31：2020	印刷技术 印刷品图像质量评价方法 第31部分：使用反差-分辨率图评估印刷系统的感知分辨率	JWG14
17	ISO 19594：2017	印刷技术 测定无线胶订产品粘结强度的测试方法 向上拉的拉页测试	WG12
18	ISO 20654：2017	印刷技术 专色色调值的测量与计算	WG3
19	ISO/TS 23031：2020	印刷技术 光谱光度计和光谱密度计的性能评估与验证	WG3
20	ISO 23498：2020	印刷技术 印刷白墨的视觉不透明度	WG4
21	ISO/TS 23564：2020	图像技术颜色管理 ICC 特征文件中评价颜色转换的准确性	JWG7
四、质量控制			
1	ISO 12640-1：1997	印刷技术 印前数据交换 第1部分：CMYK 标准彩色图像数据（CMYK/SCID）	WG 2
2	ISO 12640-1：1997/ Cor 1：2004	印刷技术 印前数据交换 第1部分：CMYK 标准彩色图像数据（CMYK/SCID）—技术勘误表1	WG 2
3	ISO 12640-2：2004	印刷技术 印前数据交换 第2部分：XYZ/sRGB 编码的标准彩色图像数据（XYZ/SCID）	WG 2
4	ISO 12640-2：2004/ Cor 1：2008	印刷技术 印前数据交换 第2部分：XYZ/sRGB 编码的标准彩色图像数据（XYZ/SCID）—技术勘误表1	WG2

续表

序号	标准号	标准名称	制定标准的工作组
5	ISO 12640-3：2007	印刷技术 印前数据交换 第3部分：CIELAB标准彩色图像数据（CIELAB/SCID）	WG2
6	ISO 12640-4：2011	印刷技术 印前数据交换 第4部分：涉及宽色域显示的标准彩色图像数据[Adobe RGB（1998）/SCID]	WG2
7	ISO 12640-5：2013	印刷技术 印前数据交换 第5部分：涉及现场的标准彩色图像数据（RIMM/SCID）	JWG 9
8	ISO 12642-1：2011	印刷技术 四色彩色印刷特征化用输入数据 第1部分：起始数据集	WG2
9	ISO 12642-2：2006	印刷技术 四色彩色印刷特征化用输入数据 第2部分：扩展数据集	WG2
10	ISO 12642-3：2021	印刷技术 四色彩色印刷特征化用输入数据 第3部分：包括中性梯尺的扩展数据集	WG2
11	ISO 15076-1：2010	图像技术色彩管理 结构、文件格式与数据结构 第1部分：基于标准ICC.1：2010	JWG7
12	ISO/TR 16066：2003	印刷技术 用于彩色复制评估的标准物体彩色光谱数据库（SOCS）	WG2
13	ISO 18619：2015	图像技术 色彩管理 黑点补偿	JWG7
14	ISO 20616-1：2021	印刷技术 质量控制和元数据文件格式 第1部分：印刷品要求eXchange（PRX）	WG2
15	ISO 20616-2：2020	印刷技术 质量控制和元数据文件格式 第2部分：印刷品质量eXchange（PRX）	WG2
16	ISO/TS 21830：2018	图像技术颜色管理 多颜色ICC特征文件的黑点补偿	JWG7

五、人机工程与安全

序号	标准号	标准名称	制定标准的工作组
1	ISO/TR 15847：2008	印刷技术 用于印刷和印后系统（包括辅助设备）的图形符号	WG5
2	ISO 12643-1：2009	印刷技术 印刷设备和系统的安全要求 第1部分：一般要求	WG5
3	ISO 12643-2：2010	印刷技术 印刷设备和系统的安全要求 第2部分：印前和印刷设备及系统	WG5
4	ISO 12643-3：2010	印刷技术 印刷设备和系统的安全要求 第3部分：装订及整饰设备和系统	WG5

续表

序号	标准号	标准名称	制定标准的工作组
5	ISO 12643-4：2010	印刷技术 印刷设备和系统的安全要求 第4部分：包装设备及系统	WG5
6	ISO 12643-5：2010	印刷技术 印刷设备和系统的安全要求 第5部分：独立操作式平压印刷机	WG5
六、合格性评定			
1	ISO/TS 15311-1：2020	印刷技术 商业与工业用印刷品的生产要求 第1部分：测量方法和报告模式	WG3
2	ISO/TS 15311-2：2018	印刷技术 商业与工业用印刷品的生产要求 第2部分：使用数字印刷技术的商业印刷应用	WG3
3	ISO 19301：2020	印刷技术 框架编写者指南 颜色质量管理模板	WG13
4	ISO 19302：2018	印刷技术 印刷工作流程的色彩一致性	WG13
5	ISO/TS 19303-1：2020	印刷技术 框架编写者指南 第1部分：包装印刷	WG13
七、环境与生态			
1	ISO 16759：2013	印刷技术 印刷媒体产品中碳足迹计算的量化和沟通	WG11
2	ISO 20294：2018	印刷技术 计算电子媒体碳足迹的量化和沟通	JWG15
3	ISO 20690：2018	印刷技术 数字印刷设备的运行功率消耗测定	WG11
4	ISO 21632：2018	印刷技术 包括过渡和相关模式在内的数字印刷设备能耗的测定	WG11
5	ISO 21632：2018/AMD 1：2020	印刷技术 包括过渡和相关模式在内的数字印刷设备能耗的测定—修订1	WG11
八、数据准备与交换			
1	ISO 12639：2004	印刷技术 印前数据交换 用于图像技术的标签图像文件格式（TIFF/IT）	WG2
2	ISO 12639：2004/ Amd 1：2007	印刷技术 印前数据交换 用于图像技术的标签图像文件格式（TIFF/IT）—修改单1：使用JBIG2—修改单2：压缩入TIFF/IT	WG2
3	ISO/TR 14672：2000	印刷技术 在ISO 12640中定义的SCID自然图像统计资料	WG2
4	ISO 15930-1：2001	印刷技术 印前数据交换 PDF的使用 第1部分：使用CMYK数据（PDF/X-1 and PDF/X-1a）的完整交换	WG2

续表

序号	标准号	标准名称	制定标准的工作组
5	ISO 15930-3：2002	印刷技术 印前数据交换 PDF 的使用 第 3 部分：使用（PDF/X-3）在色彩管理工作流程的完整交换	WG2
6	ISO 15930-4：2003	印刷技术 印前数据交换 PDF 的使用 第 4 部分：使用 PDF1.4（PDF/X-1a）进行 CMYK 和专色数据的完全交换	WG2
7	ISO 15930-6：2003	印刷技术 印前数据交换 PDF 的使用 第 6 部分：使用 PDF 1.4（PDF/X-3）在色彩管理流程里的印刷数据完整交换	WG2
8	ISO 15930-7：2010	印刷技术 印前数据交换 PDF 的使用 第 7 部分：使用 PDF 1.6 的外部配置文件（PDF/X-4p）进行印刷数据（PDF/X-4）的完整交换和部分交换	WG2
9	ISO 15930-8：2010	印刷技术 印前数据交换 PDF 的使用 第 8 部分：使用 PDF 1.6（PDF/X-5）进行印刷数据的部分交换	WG2
10	ISO 15930-8：2010/Cor 1：2011	印刷技术 印前数据交换 PDF 的使用 第 8 部分：使用 PDF 1.6（PDF/X-5）进行印刷数据的部分交换/技术勘误单：2011	WG2
11	ISO 15930-9：2020	印刷技术 印前数据交换 PDF 的使用 第 9 部分：使用 PDF2.0 完成印刷数据（PDF/X-6）完全交换以及使用外部特征文件参数（PDF/X-6p and PDF/X-6n）完成印刷数据部分交换	WG2
12	ISO 16612-1：2005	印刷技术 可变印刷数据交换 第 1 部分：使用 PPML 2.1 和 PDF 1.4（PPML/VDX-2005）	WG2
13	ISO 16612-2：2010	印刷技术 可变印刷数据交换 第 2 部分：使用 PDF/X-4 和 PDF/X-5（PDF/VT-1 与 PDF/VT-2）	WG2
14	ISO 16612-3：2020	印刷技术 可变印刷数据交换 第 3 部分：使用 PDF/X-6（PDF/VT-3）	WG2
15	ISO 16613-1：2017	印刷技术 可变印刷数据交换 第 1 部分：使用 PDF/X 进行变量替换（PDF/VCR-1）	WG2
16	ISO 16684-1：2012	印刷技术 可扩展元数据平台规格（XMP） 第 1 部分：数据模型、序列化及核心属性	WG2
17	ISO 16684-2：2014	印刷技术 可扩展元数据平台（XMP） 第 2 部分：使用 RELAX NG 描述 XMP 结构	WG2

续表

序号	标准号	标准名称	制定标准的工作组
18	ISO 16760：2014	印刷技术 印前数据交换 基于RGB的印刷工作流程中使用的RGB图像的准备和可视化	WG2
19	ISO 17972-1：2015	印刷技术 颜色数据交换格式（CxF/X） 第1部分：与CxF3（CxF/X）的关系	WG2
20	ISO 17972-2：2016	印刷技术 颜色数据交换格式（CxF/X） 第2部分：扫描仪目标数据（CxF/X-2）	WG2
21	ISO 17972-3：2017	印刷技术 颜色数据交换格式（CxF/X） 第3部分：输出目标（CxF/X-3）	WG2
22	ISO 17972-4：2018	印刷技术 颜色数据交换格式（CxF/X）第4部分：专色特性数据（CxF/X-4）	WG2
23	ISO 19445：2016	印刷技术 印刷工作流程的元数据 图像和文件打样的XMP元数据	WG2
24	ISO 20677：2019	图像技术 颜色管理 架构、特征文件格式及数据结构的扩展	JWG7
25	ISO 21812-1：2019	印刷技术 PDF文件的印刷品元数据 第1部分：元数据的体系结构和核心需求	WG2
26	ISO 28178：2009	印刷技术 使用XML或ASCII文本做颜色和过程控制的数据交换格式	WG2

九、印前处理

序号	标准号	标准名称	制定标准的工作组
1	ISO 10128：2009	印刷技术 与一套个性化数据匹配的印刷系统颜色再现的调整方法	WG3
2	ISO 12218：1997	印刷技术 过程控制 胶印印版制作	WG3
3	ISO 12646：2015	印刷技术 彩色打样显示 特性	WG3
4	ISO 12647-7：2016	印刷技术 网目调分色版、样张和印刷成品的加工过程控制 第7部分：直接来源于数字数据的样张制作方式	WG3
5	ISO 12647-8：2021	印刷技术 网目调分色版、样张和印刷成品的加工过程控制 第8部分：直接从数字数据验证印刷过程	WG3
6	ISO 14861：2015	印刷技术 彩色软打样系统要求	WG3
7	ISO 18620：2016	印刷技术 印前数据交换 色调调整曲线交换	WG2
8	ISO 19593-1：2018	印刷技术 使用PDF关联处理步骤和内容数据 第1部分：包装和标签的处理步骤	WG2

十、印刷过程控制

序号	标准号	标准名称	制定标准的工作组
1	ISO 12647-1：2013	印刷技术 网目调分色版、样张和生产印刷品的加工过程控制 第1部分：参数和测量方法	WG3
2	ISO 12647-2：2013	印刷技术 网目调分色版、样张和生产印刷品的加工过程控制 第2部分：平版胶印	WG3

续表

序号	标准号	标准名称	制定标准的工作组
3	ISO 12647-3：2013	印刷技术 网目调分色版、样张和印刷成品的加工过程控制 第3部分：新闻纸的冷固型胶版印刷	WG3
4	ISO 12647-4：2014	印刷技术 网目调分色版、样张和印刷成品的加工过程控制 第4部分：出版物的凹版印刷	WG3
5	ISO 12647-5：2015	印刷技术 网目调分色版、样张和印刷成品的加工过程控制 第5部分：网版印刷	WG3
6	ISO 12647-6：2020	印刷技术 网目调分色版、样张和印刷成品的加工过程控制 第6部分：柔性版印刷	WG3
7	ISO 12647-9：2021	印刷技术 网目调分色版、样张和印刷成品的加工过程控制 第9部分：使用胶印的金属整饰印刷工艺	WG3
8	ISO/PAS 15339-1：2015	印刷技术 跨多种技术的数字数据印刷 第1部分：原则	WG3
9	ISO/PAS 15339-2：2015	印刷技术 跨多种技术的数字数据印刷 第2部分：特征参考印刷条件 CRPC1–CRPC7	WG3
十一、印后加工			
1	ISO 16762：2016	印刷技术 印后加工 转运、处理和储藏的通用要求	WG12
2	ISO 16763：2016	印刷技术 印后加工 装订产品要求	WG12
十二、安全印刷			
1	ISO 14298：2021	印刷技术 安全印刷过程管理	WG10

第二节 基础标准

在实际的印刷生产中，有一些标准是贯穿整个印刷生产流程的，比如颜色的测量、生产条件等，我们称其为基础标准，这些基础标准是生产控制标准中经常引用的标准或者必要的标准内容。

一、观察条件标准（viewing conditions）

观察颜色时所使用的照明条件和观察条件标准是基础标准，许多涉及印刷品颜色质量控制的标准都需要以此标准作为基础。ISO/TC 130 印刷技术委员会与 ISO/TC 42 摄影技术委员会共同制定的国际标准 ISO 3664:2009 Graphic technology and photography — Viewing conditions（《印刷技术与影像 观察条件》）为印刷行业观察评价印刷品的基础标准。

ISO 3664:2009 规定了反射和透射介质上图像的观察条件，如观察印刷/打印品（包括照片和印刷品）、透明胶片，以及彩色监视器上单独显示的图像的条件。ISO 3664:2009 特别适用于以下场景：

透明胶片、反射照片或照相制版原理（印刷品）和/或其他物体或图像之间的严格比较；

在相同的照明水平下，对印刷品和透明胶片的阶调再现与色彩进行评价与常规检查；

对通过投影观看的透明胶片进行严格的评价，以便与印刷品、物体或其他复制品进行比较，以及对彩色监视器上的图像进行评估。

ISO 3664:2009 不适用于未印刷/打印的纸张的评价。

ISO 3664:2009 包含了所有必要的规范和信息，包括印刷样品评价的观察条件，如参考光源、照度水平、显色指数以及所有利益相关者评估工作场所照明环境时应使用的其他参数。ISO 3664:2009 的结构内容如表 4-3 所示。

观察彩色照片、印刷品、胶片的照明需要在紫外（UV）和可见光波段提供充足的辐射能，以避免和通常使用的照明光源如日光下相比的外貌变化。当遇上会在紫外光区产生激励的荧光样本时，紫外光是非常重要的，这是很多用于图像复制的纸张材料以及一些颜料和染料本身具有的现象。因此，ISO 3664:2009 相较于之前两个版本 ISO 3664:1975 和 ISO 3664:2000 的一个重要的更新就是包括紫外线（UV）和可见光谱范围内的更加完善的规范。

表 4-3　ISO 3664:2009 标准结构

前言
引言
1 范围
2 规范性引用文件
3 术语和定义
4 观察条件要求
4.1 一般要求
4.2 印刷品对比评价条件（观察条件 P1 与 T1）
4.3 印刷品实际评价条件（观察条件 P2）
4.4 透射稿观察条件（观察条件 T2）
4.5 显示器图像观察条件
5 测试方法
5.1 光谱测量
5.2 照度与亮度
5.3 投影观察设备的分辨率评价
附录 A（资料性）本国际标准中规定的观察条件汇总
附录 B（资料性）导致选择本国际标准的同色异谱指数和参考光源的实验数据 2
附录 C（资料性）评判和展示照片的指南
附录 D（资料性）光谱功率分布一致性测试
附录 E（资料性）符合测量条件 M2 的观察条件指南
参考文献

ISO 3664:2009 分别从照明体、亮度/照度、显色性、同色异谱、照度均匀性和环境照明六个方面规定了五种观察条件，如表 4-4 所示。

表 4-4 ISO3664 规定的观察条件

观察条件	参考光源 a		照度/亮度		符合 CIE 13.3—1995 显色指数		符合 ISO/CIE 23603 同色异谱指数		照明均匀性（最小∶最大）		环境照明反射率/亮度/照度
	光源	色度偏差	照度/lx	亮度/(cd/m²)	一般指数	样品 1 to 8 的特殊显色指数	视觉	UV	表面：<1 m×1 m	表面：>1 m×1 m	
印刷品评价比较（P1）	CIE 照明体 D50	0.005	2 000 ± 500 (2 000 ± 250) b	—	W 90	W 80	C 或更好 (B 或更好) b	<1.5 (<1) b	W 0.75	W 0.6	<60 %（中性灰、无光泽）
直接观察透射样品（T1）	CIE 照明体 D50	0.005	—	1 270 ± 320 (1 270 ± 160) c	W 90	W 80	C 或更好 (B 或更好) b	—	W 0.75	W 0.75	5 %~10 % 的亮度水平 1（中性灰并向外延伸至少 50 mm）
印刷品实际评价（P2）	CIE 照明体 D50	0.005	500 ± 125	—	W 90	W 80	C 或更好 (B 或更好) b	<1.5 (<1) b	W 0.75	W 0.75	<60 %（中性灰、无光泽）
投射样品投影观察（T2）	CIE 照明体 D50	0.005	—	1 270 ± 320	W 90	W 80	C 或更好 (B 或更好) b	—	W 0.75	W 0.75	5 %~10 % 的亮度水平 1（中性灰并向外延伸至少 50 mm）
彩色显示器	CIE 照明体 D65	0.025	—	> 80 (>160) b	不适用	不适用	不适用		不适用		中性灰、深灰色或黑色 d

a 规定了参考光源的相对光谱功率分布。彩色监视器除外。在这种情况下，它指定监视器白点的色度。在观察平面上规定了参考光源色度的允许公差，符合 1976 u′, v′ 10, v′ 10UCS 系统。
b 推荐括号中的值。
c 推荐括号中的值。当比较胶片与印刷品时，透射照明的亮度与印刷品观察表面的亮度之比应为 2.0（±0.2）∶1。
d 推荐彩色显示器的环境照明≤32 lx，要求彩色显示器的环境照明须≤64 lx。

来源：ISO 3664。

二、颜色测量标准（colour measurements）

在评价彩色印刷品质量以及控制印刷过程中，所有的标准均涉及颜色指标。在进行光谱测量和色度计算时，可以有多种选择。但是选择不当就会导致同一样品的某一属性在不同的测量方法下出现不同。由 ISO/TC 130 印刷技术委员会与 ISO /TC 42 摄影技术委员会共同制定的 ISO 13655:2017 是印刷行业颜色测量的基础标准。

目前最新版的 ISO 13655:2017 规定了适合反射、透射或发光体包括平板显示器的测量和色度计算。该标准还规定了印刷图像的色度参数的计算方法。印刷包括但不限于平版胶印、凸版印刷、柔性版印刷、凹版印刷、丝网印刷以及数字印刷批量生产。该标准不涉及适用其他特殊应用的光谱测量，如印刷生产中使用的材料，如印刷用纸及打样材料的测量。

该标准的要求主要集中用于印刷环境中使用的色度测量设备，同时还包括承印物背衬材料、报告、标准化、标准以及改进的色差指标、荧光和提高仪器间一致性的方法等事宜的相关信息。这些都将对印艺协会、专业印刷研究机构以及对测量和过程控制的基础有兴趣的从业者都是大有帮助的。

四种测量条件（M0、M1、M2 和 M3）可根据其荧光程度为同一样品提供不同的光谱值和色度解释（CIELAB）。利益相关者必须就使用哪种条件交换数据达成一致（见表 4-5）。

（1）测量条件 M0：指符合旧版 ISO 13655 或根据 ISO 5-3 密度测量优化的所有分光光度计或密度计。如果缺少有关颜色测量的信息，则应假定为 M0。

在印刷行业中，绝大多数分光光度计和密度计使用白炽灯，其光谱接近于国际照明协会（CIE）标准照明光源 A，色温为 2856K±100K。这是 M0 的期望条件。M0 仅限于概念，即没有完全定义测量照明条件，也没有确定光源的紫外光含量。因为 M0 也有着更广泛的定义，包含所有不适用其他 M 条件的仪器。

测量照明条件 M0 并未定义紫外光的含量。因此，当被测纸张含有荧光，需要仪器之间的测量数据交换时，根据 ISO 13655 的规定，不推荐使用 M0。标准注明，当没有可满足 M1 的仪器，但相对的数据足够满足过程控制或其他的数据交流应用时，类似 M0 的仪器型号可作为备选方案。该条款能确保现有仪器不会快速产生问题，并继续在工作流中使用。目前，M0 仪器非常普及。

M0 适用于承印物和成像色料都不含荧光增白剂的情况。

（2）测量条件 M1：更准确地定义了紫外光含量，并使仪器之间由于荧光（由承印物中的荧光增白剂和/或印刷和/或打样着色剂的荧光引起）而产生的测量差异最小化成为可能。测量条件 M1 还改善了符合 ISO 3664:2009 要求的观察箱中测量结果和视觉评估之间的一致性。测量条件 M1 包括两部分 M1（1）和 M1（2）。

M1（1）适用于承印物或成像色料，或者承印物与成像色料都含有荧光增白剂的情况。

M1（2）适用于承印物含有荧光，需要搜集荧光特性，并且可以确信成像色料不含荧光。

（3）测量条件 M2：以前被称为"UV-cut"，当需要从测量中排除荧光时，则采用该条件。其结果是与视觉评估的一致性较差。但是，在一些不打样的数字印刷环境中，M2 仍然用于进行特征化。

M2 用于纸张含有荧光，但是也希望能够消除数据造成的影响。

（4）测量条件 M3：定义了偏光效应，指用于过程控制的偏振密度计，特别是单张纸胶印中使用的偏振密度计。偏光用于某些消除或减小镜面反射的测量仪器。经常通过选择偏光功能或增加制造商特定的偏光过滤器，满足偏光标准。

M3 用于特殊用途，即应该减小第一表面反射，包括使用偏光。

表 4-5　ISO 13655:2017 四种测量条件的应用

测量条件	M0	M1（1）	M1（2）	M2	M3
测量荧光增白剂的影响		√	√		
测量油墨荧光		√			
测量无荧光增白剂物质	√		√	√	
去除荧光增白剂的影响				√	√
去除第一表面的反射					√
测量之前，确定要交换数据的 M 标准	当使用任何 M 标准交换数据时，必须在测量数据前，确定要使用的 M 标准				

三、印刷条件标准（printing condition）

印刷条件由一组主要工艺参数定义，这些参数直接影响印刷产品的视觉外观。这些参数包括纸张基材的颜色和光泽度、印刷油墨的颜色、采用的加网以及某种颜色的阶调值增加的曲线。ISO 12647-1 中给出了有关印刷条件的详细定义。ISO12647-1 中定义的印刷条件包括下列内容：

（1）印刷承印物颜色（print substrate colour）

（2）印刷承印物光泽（print substrate gloss）

（3）油墨颜色（着色剂描述）[ink set colour（colourant description）]

（4）油墨光泽度（ink set gloss）

（5）阶调值复制范围（tone value reproduction limits）

（6）阶调值增加与扩展（tone value increase and spread）

（7）图像定位允差（tolerance for image positioning）

四、特征化（characterization）

在印刷条件确定之后，可以测量描述工艺过程颜色再现能力的颜色特征，包括承印物颜色及色域描述。特征化数据包括一组完整描述印刷过程的阶调值及其相关色度值。如果在工作流程中将这组颜色特征化数据用作参考，则应用 ISO PAS 15339（所有部分）文件中所述的特征化参考印刷条件（CRPC）（characterized reference printing condition）。

为确保从设计阶段到印刷阶段的色彩复制的一致性，基于不同印刷工艺的特征化的正确传达是非常重要的。特征化可以使用行业中常用的如 FOGRA39 或 GRACoL_2006 以及按照 ISO 12642 中的定义交换的色度文件或按照 ISO 15076-1 中的定义交换的 ICC 输出

profile 文件来确定特征化。

1. ISO/PAS 15339-1:2015

ISO/PAS 15339-1:2015 确立了使用颜色特征化数据作为定义复制准备、活件处理安排、打样以及印刷的输入数据和印刷颜色之间预期关系的原则。ISO/PAS 15339 的其他部分规定了有限数量的特征化参考印刷条件，这些条件涵盖了用于从数字数据生产到印刷材料的预期色域范围，而与所使用的印刷工艺无关。该标准还规定了用于调整承印物颜色正常预期范围的颜色特征化数据的程序。（见表 4-6）

表 4-6　ISO/PAS 15339-1:2015 标准结构

前言
引言
1 范围
2 规范性引用文件
3 术语和定义
4 要求
4.1 原则与假设
4.2 数据编码
4.3 数据准备
4.4 特征化参考印刷条件与颜色特征数据
4.5 特征化参考印刷条件选择标准
4.6 承印物色差数据调整
4.7 备用印刷参考
4.8 颜色特性文件
5 过程控制
5.1 概述
5.2 达到预期色域印刷
5.3 确定颜色特征化
5.4 维护印刷设备的运行特征
5.5 活件内容特定调整
附录 A 承印物颜色变化的色数据校正
附录 B　偏差模式
B.1 引言
B.2 基于过程控制的偏差
B.3　基于测度测量的偏差
附录 C 工作流程无关的过程
参考文献

2. 德国印刷学会（FOGRA）标准

表 4-7 是德国印刷学会 FOGRA 推荐的参考数据，可根据需要选择对应的颜色参考。

表 4-7　FOGRA 推荐的印刷标准特征参数

FOGRA 标准	印刷方式	加网线数	承印物	CMY 曲线	K 曲线	备注
FOGRA54	热固轮转胶印	60l/cm	PS6（超级压光非涂布纸，SC-B）	B*	B*	
FOGRA53	ColourExchangeSpace					
FOGRA52	单张纸胶印	60l/cm	PS5（荧光剂）	C*	C*	*ISO 12647-2:2013
FOGRA51	单张纸胶印	60l/cm	PS1（PT1/2）	A*	A*	*ISO 12647-2:2013
FOGRA50	单张纸胶印 + 光面 OPP	60l/cm	PT1/2	A	B	* FOGRA39
FOGRA49	单张纸胶印 + 亚光面 OPP	60l/cm	PT1/2	A	B	* FOGRA39
FOGRA48	热固轮转胶印	60l/cm	INP（增强的新闻印刷纸）	C	D	
FOGRA47	单张纸胶印	60l/cm	PT4	C	D	*FOGRA29
FOGRA46	热固轮转胶印	60l/cm	PT3	B	C	FOGRA46
FOGRA46	热固轮转胶印	60l/cm	PT3	B	C	FOGRA46
FOGRA46	热固轮转胶印	60l/cm	PT3	B	C	
FOGRA43	单张纸胶印	NP	PT1/2	F	F	
FOGRA42	热固轮转胶印	60l/cm	标准新闻印刷纸	C	D	
FOGRA41	热固轮转胶印	60l/cm	MFC（机内整饰涂布纸）	B	C	
FOGRA40	热固轮转胶印	60l/cm	SC（超级压光纸）	B	C	
FOGRA39	单张纸胶印	60l/cm	PT1/2	A	B	* FOGRA27
FOGRA31-38		54～60l/cm	PT1, PT2, PT4			
FOGRA30	单张纸胶印	60～80l/cm	PT5	C	D	
FOGRA9	丝网印刷	30l/cm				

注：表中：

- PT1 = 1 类纸 = 115 g/m² 光面涂布纸
- PT2 = 2 类纸 = 115 g/m² 亚光面涂布纸
- PT3 = 3 类纸 = 65 g/m² LWC 卷筒胶印纸
- PT4 = 4 类纸 = 115 g/m² 非涂布白胶纸
- PT5 = 5 类纸 = 115 g/m² 非涂布黄胶纸

3. ISO 12642

ISO 12642 包含以下三个部分：

（1）ISO 12642-1:2011 Graphic technology — Input data for characterization of four-colour process printing — Part 1：Initial data set（印刷技术 四色彩色印刷特征化用输入数据 第 1 部分：起始数据集）

ISO 12642-1:2011 定义了用于任意四色印刷工艺中特征化的输入数据文件、测量程序以及输出数据格式(见表4-8)。

表 4-8 ISO 12642-1:2011 标准结构

前言
引言
0.1 基本背景
0.2 技术背景
1 范围
2 规范性引用文件
3 术语和定义
4 要求
4.1 数据集定义
4.2 颜色测量
4.3 数据报告
附录 A 使用说明
A.1 注意事项
A.2 输出设备特征
A.3 非网目调设备特征化
参考文献

(2) ISO 12642-2:2006 Graphic technology — Input data for characterization of 4-colour process printing — Part 2: Expanded data set(印刷技术 四色彩色印刷特征化用输入数据 第2部分：扩展数据集)

ISO 12642-2:2006 定义了用于四色印刷特征化的油墨值组合的数据集，该数据集未针对任何印刷工艺或应用进行优化，但对于所有一般应用来说都足够好用，它考虑了使用胶印、凹印、柔版印刷和其他印刷工艺进行出版、商业和包装印刷的需要。虽然它主要用于CMYK 原色油墨的彩色印刷，但也可用于三种彩色油墨与黑色油墨的任何组合。当需要提供更加可靠的数据时，ISO 12642-2:2006 数据集可替代 ISO 12642-1 数据集使用(见表4-9)。

表 4-9 ISO 12642-2:2006 标准结构

前言
引言
1 范围
2 规范性引用文件
3 术语和定义
4 技术要求
4.1 数据集特征
4.2 数据集定义
4.3 印刷版式

续表
4.4 数据集标识
附录 A 默认版式与图像文件
附录 B 肤色阶调数据集
参考文献

（3）ISO 12642-3:2021 Graphic technology — Input data for characterization of 4-colour process printing — Part 3：Extended data set including near neutral scale（印刷技术 四色彩色印刷特征化用输入数据 第三部分：包括中性梯尺的扩展数据集）

ISO 12642-3:2021 定义了可用于描述四色印刷工艺特征的油墨值组合数据集。此数据集未针对任何印刷工艺或应用进行优化，但对于所有一般应用来说都足够好用。虽然它主要用于 CMYK 油墨的彩色印刷工艺，但也可用于三种彩色油墨与黑色油墨的任何组合。当需要更多的中性灰梯尺数据时，ISO 12642-3:2021 数据集可替代 ISO 12642-2 数据集。但该标准并不是作为 ISO 12642-2 的替代标准而制定的（见表 4-10）。

表 4-10　ISO 12642-3:2021 标准结构

前言
引言
1 范围
2 规范性引用文件
3 术语和定义
4 技术要求
4.1 背景
4.2 阶调值精度
4.3 数据集定义
4.4 印刷版式
4.5 基于 ISO 12642-2 目标的数据兼容性
附录 A 版式与图像文件示例
A.1 概述
A.2 设计
A.3 版式与参考数据
附录 B ISO 12647-3 数据集的 ID 及油墨值
参考文献

4. ISO 15076-1

ISO 15076-1:2010 Image technology color management — Architecture, profile format and data structure — Part 1：Based on ICC.1:2010（图像技术色彩管理 体系结构、特性文件格式和数据结构 第 1 部分：基于 ICC.1:2010）（见表 4-11）。

表 4-11 ISO 15076-1:2010 标准结构

前言
引言
0.1 概述
0.2 国际色彩联盟
0.3 色彩管理框架与特性文件连接空间
0.4 再现意图
0.5 颜色特性文件
0.6 特性文件元素结构
0.7 嵌入特性文件
0.8 其他特性文件
0.9 ISO 15076 本部分组织描述
0.10 专利声明
1 范围
2 规范性引用文件
3 术语、定义与缩略语
3.1 术语和定义
3.2 缩略语
4 基本数字类型
4.1 概述
4.2 日期时间编号
4.3 float32 编号
4.4 位置编号
4.5 响应 16 编号
4.6 s15Fixed16 编号
4.7 u16Fixed16 编号
4.8 u1Fixed15 编号
4.9 u8Fixed8 编号
4.10 uInt16 编号
4.11 uInt32 编号
4.12 uInt64 编号
4.13 uInt8 编号
4.14 XYZ 编号
4.15 7-bit ASCII
5 一致性
6 特性文件连接空间、再现意图及设备编码
6.1 注意事项
6.2 再现意图
6.3 特性文件连接空间
6.4 PCSXYZ 与 PCSLAB 编码之间转换
6.5 设备编码

续表

7 特性文件要求

7.1 概述

7.2 特性文件表头

7.3 标记表

7.4 标记数据

附录 A 外部与内部间转换

附录 B 嵌入特性文件

B.1 概述

B.2 在 EPS 文件中嵌入 ICC 特性文件

B.3 在 TIFF 文件中嵌入 ICC 特性文件

B.4 在 JPEG 文件中嵌入 ICC 特性文件

B.5 在 GIF 文件中嵌入 ICC 特性文件

附录 C ICC 特性文件与 PostScript CSAs 及 CRDs 之间的关系

C.1 概述

C.2 PostScript CSA 特性文件标识键

C.3 PostScript CRD 特性文件标识键

附录 D 特性文件连接空间

D.1 注意事项

D.2 PCS 测量编码

D.3 颜色测量

D.4 色适应

D.5 美学因素与媒介白点

D.6 颜色意图讨论

D.7 感知再现意图讨论

附录 E 色适应标签

E.1 概述

E.2 色适应矩阵计算

E.3 线性化 Bradford 转换

E.4 色适应矩阵的使用

附录 F 特性文件计算模型

F.1 一维曲线转换

F.2 grayTRCTag

F.3 基于三分量矩阵的特性文件

附录 G 所需标签与标签列表表

ISO 15076-1 是由国际色彩联盟 ICC 与国际标准化组织 ISO/TC 130 印刷技术委员会和 ISO/TC 42 摄影技术委员会合作，根据 ISO/TC130 与国际色彩联盟 ICC 于 2003 年 7 月 11 日签订的合作协议的规定制定的。ISO 15076-1:2010 是该标准的第二版，规定了颜色特性文件格式，并描述了其可操作的体系结构。该体系结构支持指定数字数据的预期彩色图像处理的信息交换，还规定了所需的参考颜色空间和数据结构（标签）。

第三节 生产过程控制标准

一般地，我们可以将印刷流程分为设计（design）、印前（prepress）、印刷（printing）、印后（postpress）四个阶段。

一、设计阶段（design stage）

作为印刷工作流程的第一阶段，通常是印刷买家（客户）与印刷企业接触的重要节点，二者在此阶段最重要的"产品"即为样张（proof）。下列国际标准可在设计阶段使用，从而保证与印刷生产流程的其余阶段更好地匹配，达到协同一致的效果。

1. 原稿

（1）原稿最好以符合 ISO 15930-7:2010 Graphic technology — Prepress digital data exchange using PDF — Part 7：Complete exchange of printing data（PDF/X-4）and partial exchange of printing data with external profile reference（PDF/X-4p）using PDF 1.6 或更高版本的 PDF/X 格式提交。提交前应进行预检（Preflight）。ISO 15930-7:2010 在 ISO 网站上的搜索页面如图 4-1 所示。

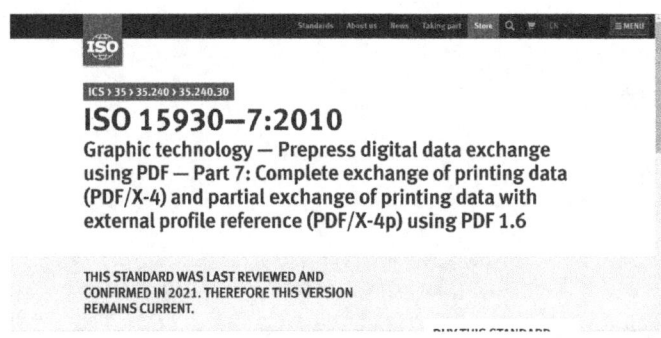

图 4-1　ISO 15930-7:2010 在 ISO 网站上的搜索页面

ISO 15930-7:2010 规定了用于传播印刷复制用数字数据的便携式文档格式（PDF）1.6 版的使用，当文件中包含最终印刷复制所需的所有元素时，该文件被指定为 PDF/X-4。如果所需的 ICC 特性文件（ICC Profile）由外部提供且明确标识，则指定为 PDF/X-4p。

该标准支持色彩管理、CMYK、灰色、RGB 或专色数据，以及 PDF 透明度和可选内容。该文件可以用于灰色、RGB 和 CMYK 印刷特征化。

（2）创建 RGB 参考图像时，必须在严格控制的环境中执行此操作，以确保查看的图像与最终印刷的图像一致。ISO 16760:2014 Graphic technology — Prepress data exchange — Preparation and visualization of RGB images to be used in RGB-based graphics arts workflows 规定了基于反射印刷品（RGB Reference Prints）作为彩色图像评估工具的印刷 RGB 工作流程的要求。它提供了有关创建印刷目标 RGB 图像（RGB Reference Prints）和模拟打印

刷的指南。

该国际标准要求为每个图像建立一对 ICC Profile 文件：一个图像 Profile 文件和一个描述参考印刷系统的 Profile 文件。这些 Profile 文件为色域映射和粉色提供单独的颜色转换。该国际标准不提供有关如何指定这些色域映射或分色转换的任何指导。

2. 样张评价

（1）对于软打样，应使用 ISO 14861:2015 Graphic technology — Requirements for colour soft proofing systems 和 ISO 12646:2015 Graphic technology — Displays for colour proofing — Characteristics。

ISO 14861:2015 规定了用于数字数据在电子显示器上生成图像的系统的要求，该电子显示器旨在模拟由一组特征化数据定义的特征化印刷条件和由物理参考定义的专色。该标准提供了有关设备选择、设置、操作和环境条件的建议，并规定了与这些要求相关的适当试验方法。ISO 14861:2015 在 ISO 网站上的搜索页面如图 4-2 所示。

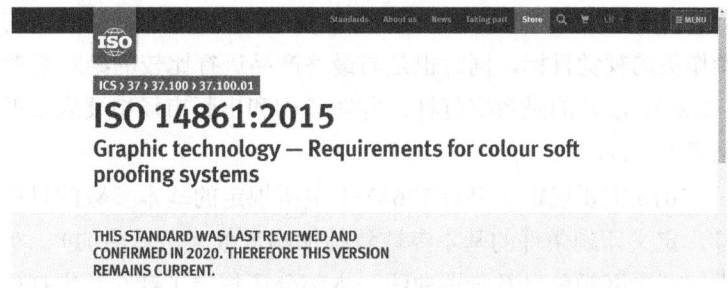

图 4-2　ISO 14861:2015 在 ISO 网站上的搜索页面

ISO 12646:2015 规定了用于彩色图像软打样的显示器特性的两个一致性等级要求，包括对不同驱动信号下不同观察方向的均匀性和电光特性的要求。ISO 12646:2015 在 ISO 网站上的搜索页面如图 4-3 所示。

图 4-3　ISO 12646:2015 在 ISO 网站上的搜索页面

（2）对于使用高端喷墨数字打样制作的合同打样样张，应使用 ISO 12647-7:2016 Graphic technology — Process control for the production of halftone colour separations, proof and production prints — Part 7：Proofing processes working directly from digital data（印刷技术 网目调分色版、样张和生产印刷品的加工过程控制 第 7 部分：直接使用数字数据的打样过程）。

ISO 12647-7:2016 规定了用于硬拷贝数字打样印刷品的系统要求，这些印刷品旨在模拟由一组特征化数据定义的印刷条件，并包含与这些要求相关的合适的试验方法的建议。

ISO 12647-7:2016 数字样张通常被称为"合同样张",被用作客户和印刷商之间合同关系的一部分,并在印刷过程中作为印刷机操作员的视觉目标,以及与成品进行比较的绝对参考。ISO 12647-7:2016 在 ISO 网站上的搜索页面如图 4-4 所示。

图 4-4　ISO 12647-7:2016 在 ISO 网站上的搜索页面

在大多数印刷生产流程中,都有对印刷文件预期外观可视化展示的要求,这种可视化展示可以作为客户方和印刷方协议的一部分。当制作出来的可视化展示样与所模拟的预期印刷品特征(颜色逼真度、阶调复制、套准、大小等)间仅有极小的允差时,通常称其为"合同样张"。顾名思义,合同样张构成了客户方和印刷方之间合同关系的一部分,也作为印刷中印刷操作员的视觉目标,同时也是与最终产品进行比较的绝对参考依据。

ISO 12647-7:2016 涉及的是数字打样,并对印刷和出版市场中要求最严格的打样部分提出了要求(见表 4-12)。

ISO 12647-7:2016 主要规定了 ISO 12647-1 中所规定的基本参数的目标值和允差,专门用于数字打样。定义印刷条件的基本参数包括加网参数(所适用的)、实地颜色、印刷承印物颜色、中间调平网颜色以及阶调曲线。本部分还规定了针对数字打样印刷品及其承印物特性的测试方法,这些特性与稳定和可靠的状态有关,因此也与认证程序有关。

表 4-12　ISO 12647-7:2016 标准文件结构

前言
引言
1 范围
2 规范性引用文件
3 术语和定义
4 要求
4.1 色差测量
4.2 数据文件、网目模拟
4.3 打样印刷品
5 检测方法
5.1 观察条件
5.2 测控条
5.3 附加测试对象
5.4 颜色测量

续表

5.5 光泽度测量

5.6 样张与印刷品匹配的视觉评估

附录 A 打样符合性的技术要求

A.1 认证样张（现场认证）

A.2 认证合同样张

A.3 可以交付认证合同样张的生产系统

A.4 目标值和允差的表

附录 B 样张着色剂耐磨性

B.1 装置

B.2 打样系统

B.3 印刷测试区域

B.4 摩擦测试

B.5 测试报告

附录 C 色域外表面色块

附录 D 打样印刷品和印刷品匹配性视觉评估的组织认证程序

参考文献

　　打样印刷品的目的是尽可能地模拟已完成印刷制成品的视觉特征。为了在视觉上匹配一种特定印刷条件，打样过程需要定义一组参数，其不一定与 ISO 12647-1 或 ISO 12647 其他部分中提出的数值相同。这是由着色剂光谱或如光泽度、光散射（在印刷承印物或着色剂内部）、透明度等特性的不同造成的。在这些情况下，分光色度法优于密度法。

　　长期以来，不管是特征化数据还是已有的有关满意匹配的准则和限定都没有一致性，这导致了人们在评价打样系统时，耗费大量不必要的精力来了解不同但相似的应用程序，且得出不一致的结果，使行业背负了成本和时间上的负担。因此，本国际标准旨在通过提供规范和相关的测试程序来为该领域提供指导。

　　（3）对于经常使用激光或桌面喷墨打印机的中间打样，应使用 ISO 12647-8:2021 Graphic technology — Process control for the production of half-tone colour separations, proof and production prints — Part 8：Validation print processes working directly from digital data（印刷技术 网目调分色版、样张和生产印刷品的加工过程控制 第 8 部分：直接使用数字数据的验证印刷品制作过程）。ISO 12647-8:2021 在 ISO 网站上的搜索页面如图 4-5 所示。

图 4-5　ISO 12647-8:2021 在 ISO 网站上的搜索页面

在设计阶段,当需要查看文件的印刷效果,而无合同样张参照质量时,中间质量级别称为"验证印刷",此时要根据 ISO 12647-8:2021 进行标准化。即使 ISO 12647-7 合同样张通常在喷墨打样系统上制作完成,而 ISO 12647-8:2021 验证印刷在激光打印机上制作,但并不限制使用验证印刷打样技术(见表 4-13)。

由于数据通过电子交换,而这些数据的可视化展示样在多个场地制作,这就需要对验证印刷品做出明确的要求,以保证其在整个工作流程中的一致性。这些要求相对来说没有那么严格,特别是对于颜色逼真度,这样做的目的之一在于生产验证印刷品时,可以使用比生产合同样张所需精度及成本低的设备。ISO 12647-8:2021 列出了对验证印刷品和生产验证印刷品系统的要求。

ISO 12647-8:2021 规定了直接使用数字数据来印制硬拷贝验证印刷品的系统的符合性要求,该验证印刷品旨在模拟某种经过特征化的印刷条件下印刷品的预期外观。

表 4-13　ISO12647-8:2021 标准文件结构

前言
引言
1 范围
2 规范性引用文件
3 术语和定义
4 要求
4.1 验证印刷品制作系统的数据要求
4.2 验证印刷品
5 测试方法
5.1 系统验证
5.2 验证印刷品测控条
5.3 附加测试对象
5.4 均匀性测量
5.5 颜色测量
5.6 光泽度测量
5.7 辅助视觉控制元素
附录 A 技术要求 验证印刷品一致性
A.1 验证印刷品一致性
A.2 验证印刷设备一致性
A.3 能够提供认证验证印刷品的生产系统
附录 B 趋稳期后印刷品耐久测定
B.1 装置
B.2 印刷系统
B.3 印刷测试区域

续表

B.4 物理趋稳期测试
附录 C 色域外表面色块
附录 D 分类荧光
参考文献

ISO 12647-8:2021 不适用于生产印刷系统（数字或传统的）符合性的确定，因为生产印刷的许多方面并不包含在该标准中。

ISO 12647-7:2016 和 ISO 12647-8:2021 这两个标准都允许自由选择模拟特征化数据或 ICC profile。例如，FOGRA 39 或 GRACol 2006_Coated1v2 或其他工艺相关数据。这些标准更加注重偏差和复制质量。在这两种情况下，如果使用数字印刷机，则完整的打样或验证系统（数字印刷机、墨水、打样用纸、打样软件的组合）符合相关标准非常重要。使用不符合 ISO 12647-7 或至少 ISO 12647-8 标准的样张或验证印刷品，且未就预期模拟印刷条件达成一致意见，将导致印刷品视觉外观偏差，导致最终结果缺乏可预测性。

二、印前阶段（prepress stage）

印前阶段与最终印刷过程密切相关，从设计公司接收数据开始，印前阶段必须确保在特定条件下印刷的印版能够达到预期的结果。通常为特定印刷机或印刷条件准备的数字文件制作印版。因此，在制作正确的印版之前，应该了解确切的印刷机情况或印刷条件。

ISO/TS 10128 在 ISO 网站上的搜索页面如图 4-6 所示。对于彩色印刷来说，调整印刷系统的颜色再现以匹配提供的一组特征化数据是非常重要的。ISO/TS 10128:2009 描述了三种用于调整输入印刷系统的数字内容数据的方法，以保证在多台印刷机上实现印刷结果的一致性。这三种方法包括：

（1）阶调值曲线匹配（the matching of tone value curves）；

（2）使用中性灰梯尺（the use of near-neutral scales）；

（3）使用 CMYK 到 CMYK 多维转化（the use of CMYK to CMYK multi-dimensional transforms）。

ISO/TS 10128:2009 包括建立必要传递曲线的目标条件的程序、确定单个传递曲线的程序以及这三种方法适用性的比较。这些调整程序适用于使用 CMYK 色料的印刷系统，但不限于使用传统油墨在纸张上印刷的印刷系统，可能涉及其他技术，如用于打样和 / 或数字印刷。

图 4-6　ISO/TS 10128:2009 在 ISO 网站上的搜索页面

三、印刷阶段（printing stage）

ISO 12647 系列标准是 ISO/TC 130 制定的核心标准。这些标准涵盖了大多数传统印刷工艺，标准中包含工艺控制目标值和公差的规范或指标，给出了加网线数、油墨和承印物等，还涉及印前处理、材料检测等其他基础标准的引用。

ISO 12647 的总称是"Graphic technology — Process control for the production of half-tone colour separations, proof and production prints（印刷技术 网目调分色版、样张和生产印刷品的加工过程控制）"，由以下部分组成：

第 1 部分：参数与测量方法（Parameters and measurement methods）；

第 2 部分：平版胶印（Offset lithographic processes）；

第 3 部分：新闻纸冷固型平版胶印（Coldset offset lithography on newsprint）；

第 4 部分：出版凹印（Publication gravure printing）；

第 5 部分：网版印刷（Screen printing）；

第 6 部分：柔性版印刷（Flexographic printing）；

第 7 部分：直接使用数字数据的打样过程（Proofing processes working directly from digital data）；

第 8 部分：直接使用数字数据的验证印刷品制作过程（Validation print processes working directly from digital data）；

第 9 部分：使用平版胶印的金属整饰印刷（Metal decoration printing processes using offset lithography）。

1. ISO 12647-1:2013 Graphic technology — Process control for the production of half-tone colour separations, proof and production prints — Part 1：Parameters and measurement methods（印刷技术 网目调分色版、样张和生产印刷品的加工过程控制 第 1 部分：参数与测量方法）

ISO 12647-1 标准封面标题如图 4-7 所示。

图 4-7　ISO 12647-1:2013 标准封面标题

ISO 12647-1 的目标是列明并解释唯一定义合同或印刷机样张及生产印刷品的视觉特性和其他技术性能的过程控制所需的一组最低限度要求的（最少的）主要过程参数。ISO12647 的其他部分定义适用于特定工艺（如平版胶印）的这些参数的具体数值。通过一组特征化数据给定完全特征化的印刷条件，ISO 12647-7 和 ISO 12647-8 指明生产一份"合同样张"或至少达到严格水平的"首签样"的系统要求。

ISO 12647-1:2013 文件中规定的主要工艺参数直接影响图像视觉效果，这些参数取决于印刷工艺过程，但是一般包括印刷色序、印刷机、油墨、印刷承印物以及加网。这些参数构成了本国际标准中相关部分中规定的印刷条件。这样的印刷条件通过相关的色度及/或密度过程控制目标的方法给予特征描述。通常使用油墨颜色（此处命名为着色剂描述）以及阶调响应曲线（见表 4-14）。

表 4-14 ISO 12647-1:2013 标准文件结构

前言
引言
1 范围
2 规范性引用文件
3 术语和定义
4 要求
4.1 概述
4.2 数据文件与印版
4.3 样张或生产印刷品
5 测量方法
5.1 CIELAB 色坐标与 CIELAB 色差的计算
5.2 控制条
5.3 印刷品的网目角度
5.4 光泽度
5.5 表观油墨叠印率
5.6 重影与变形
5.7 印刷原色实地的绝对密度或相对密度
5.8 同一印张的颜色变化
附录 A 报告
A.1 网目角度
A.2 文件中的阶调值
A.3 印刷品的阶调值
A.4 印刷品的阶调值增加（TVI）
A.5 光泽度
A.6 色坐标和 CIELAB 色差
参考文献

ISO 12647-1 中给出了 42 个术语（term）及定义，为整个 ISO 12647 系列标准提供了词汇基础（见表 4-15）。

表 4-15 ISO 12647-1 术语词条

3 术语和定义

3.1 非彩色 achromatic colour

3.2 网目的轴 axis of a screen

3.3 彩色 chromatic colour

3.4 CIEDE 2000 色差 CIEDE2000 colour difference

3.5 CIELAB 色度差 CIELAB chromaticness difference

3.6 CIELAB 色差 CIELAB colour difference，
CIE 1976 L*, a*, b* 色差 CIE 1976 L*a*b* colour difference

3.7 CIELAB 色空间 CIELAB colour space
CIE 1976L*, a*, b* 色空间 CIE 1976L*a*b* colour space

3.8 控制块 control patch

3.9 控制条 control strip

3.10 数字样张印刷品 digital proof print

3.11 灰平衡 grey balance

3.12 灰色再现 grey reproduction

3.13 ICC 色彩管理 ICC colour management

3.14 ICC 特性文件 ICC profile

3.15 图像方向 image orientation

3.16 中间调扩展 mid-tone spread，S

3.17 非周期性网目调网目 non-periodic half-tone screen

3.18 首签样（OK 样） OK print，OK sheet

3.19 首签样允差 OK print tolerance

3.20 印刷机样张印刷品 press proof print

3.21 主轴 principal axis

3.22 印刷承印物 print substrate

3.23 印刷条件 printing condition

3.24 印版 printing forme

3.25 印刷原色 process colours

3.26 生产印刷品允差 production print tolerance

3.27 基准方向 reference direction

3.28 光谱反射率因子 spectral reflectance factor，R λ

3.29 反射密度计 reflection densitometer

3.30 反射密度 reflection density，
反射率因子密度 reflectance factor density，D

3.31 相对密度 relative density

3.32 采样光孔尺寸 sampling aperture size

续表

3.33 网目角度 screen angle

3.34 网目频率 screen frequency；网目线数 screen ruling

3.41 阶调值总和 tone value sum

3.42 验证印刷品 validation print

3.35 网目宽度 screen width

3.36 表面整饰 surface finishing

3.37 阶调值 tone value，A

3.38 阶调值 tone value，A

3.39 阶调值 tone value，A

3.40 阶调值增加 tone value increase，ΔA

本项国际标准的一般原则可以很容易地扩展到 ISO 12647 中未定义的印刷条件中，如使用高浓度颜料油墨印刷或使用未纳入 ISO 12647 相关部分的纸张等的条件。

2. ISO 12647-2:2013 Graphic technology — Process control for the production of half-tone colour separations, proof and production prints — Part 2：Offset lithographic processes（印刷技术 网目调分色版、样张和生产印刷品的加工过程控制 第 2 部分：平版胶印）

ISO 12647-2:2013 标准封面标题如图 4-8 所示。

INTERNATIONAL STANDARD

ISO 12647-2

Third edition
2013-12-15

Graphic technology — Process control for the production of half-tone colour separations, proof and production prints —

Part 2:
Offset lithographic processes

Technologie graphique — Maîtrise des procédés pour la fabrication des séparations de couleur en ton tramé, des épreuves et des tirages en production —
Partie 2: Procédés lithographiques offset

图 4-8 ISO 12647-2:2013 标准封面标题

ISO 12647-2:2013 规定了一系列工艺参数和参数值，用于除新闻纸冷固型平版胶印外的四色单张纸胶印和轮转纸胶印的分色、制版和印刷生产过程。这些参数和数值是根据典型生产过程选择的，包括在各种承印物上的"分色""打样""制版""首签样""印刷生产"。

ISO 12647-2:2013 的应用包括以下场景：

（1）直接适用于采用分色印版的印刷机样张印刷品与印刷生产过程；

（2）适用于四色印刷以上的印刷机样张印刷品与印刷生产过程，条件是采用与四色印刷相似的数据、加网、印刷承印物和印刷参数；

（3）适用于包装纸板材料的印刷；

（4）适用于各种干燥方式，如热固型、红外型和紫外型干燥；

（5）为质量保证和质量管理提供参考。

ISO 12647-2:2013 标准文件结构如表 4-16 所示。

表 4-16　ISO 12647-2:2013 标准文件结构

前言
引言
1 范围
2 规范性引用文件
3 术语和定义
4 要求
4.1 概述
4.2 数据文件与印版
4.3 样张或生产印刷品
5 测量方法
5.1 密度、CIELAB 色坐标与 CIELAB 色差的计算
5.2 控制条
附录 A 灰色再现和灰平衡
附录 B 纸张色差的处理
参考文献

ISO 12647-2:2013 为该部分标准第三版，随着新版标准的修订，新的纸张分类被建立起来。由于尚无基于未印刷承印物的色度值来预测印刷表现的统一方法，因此这样做是很有必要的。当对典型的已印刷纸张的视觉印刷特性进行分析时，可确定对不同着色剂组的描述。因此，印刷品符合本国际标准的情况是：

——印刷色的色度达到目标值，目标值是根据常规印刷条件和典型的用墨方式定义的；

——经各方同意而规定的额外印刷条件，其目标值可以通过如交换特征值的方式进行清晰的交流。

本国际标准提出了在经济条件可行情况下的典型工业印刷生产方案。因此所用的允差值可以在客户期望（最小偏差）、技术生产限制和生产成本之间提供一个合理的平衡。

3. ISO 12647-3:2013 Graphic technology — Process control for the production of half-tone colour separations, proof and production prints — Part 3: Coldset offset lithography on newsprint（印刷技术 网目调分色版、样张和生产印刷品的加工过程控制 第 3 部分：新闻纸冷固型平版胶印）

ISO 12647-3:2013 规定了四色或单色新闻纸分色和印刷生产中的一些过程参数及其数值,这些参数和数值的选择基于过程的考虑,涵盖"分色""印版制作""首签样或样张""生产印刷"等过程阶段。

ISO 12647-3:2013 致力于加强印刷者、出版者和广告商之间的沟通,并使委印方意识到广告的预期印刷效果以做好相应准备。本部分定义了允差和质量客观评估的依据,以提高报纸与其他媒体的竞争力。

ISO 12647-3:2013 标准封面标题如图 4-9 所示。

INTERNATIONAL STANDARD

ISO 12647-3

Third edition
2013-12-15
Corrected version
2014-02-15

Graphic technology — Process control for the production of half-tone colour separations, proofs and production prints —

Part 3:
Coldset offset lithography on newsprint

Technologie graphique — Contrôle du processus de confection de sélections couleurs tramées, d'épreuves et de tirages —
Partie 3: Impression offset sans sécheur sur papier journal

图 4-9 ISO 12647-3:2013 标准封面标题

ISO 12647-3:2013 适用于以下 3 种场景:

(1) 使用分色数据进行的新闻纸冷固型平版胶印印刷生产;
(2) 类似于印刷机生产印刷效果的数字直接成像;
(3) 可提供类似参数的非周期性网屏和线条网屏。

ISO 12647-3:2013 标准文件结构如表 4-17 所示。

表 4-17 ISO 12647-3:2013 标准文件结构

前言
引言
1 范围
2 规范性引用文件
3 术语和定义
4 要求
4.1 概述
4.2 数据文件和印版

续表

4.3 样张或生产印刷品

5 测量方法

5.1 CIELAB 色坐标和 CIELAB 色差计算

5.2 测控条

附录 A 彩色油墨的密度

附录 B 灰色再现和灰平衡

附录 C 过程控制块

C.1 背景

C.2 传统测控条

C.3 使用广告式测试单元

C.4 使用基于图像的图像内容

C.5 印刷测试页

附录 D 柔性版新闻纸印刷

D.1 概述

D.2 阶调值复制范围

D.3 网目频率（周期性加网）

D.4 印刷条件

附录 E 附加印刷条件

E.1 概述

E.2 承印物颜色

E.3 油墨颜色

E.4 阶调值增加

附录 F 纸张色差的处理

参考文献

  ISO 12647-3:2013 没有指定柔性版印刷、数字印刷和凸版印刷的过程控制，但采用这些生产技术并期望印刷接近冷固型平版胶印的产品时，也可以使用本部分所定义的生产目标。

  4. ISO 12647-4:2014 Graphic technology — Process control for the production of halftone colour separations, proof and production prints — Part 4：Publication gravure printing（印刷技术 网目调分色版、样张和生产印刷品的加工过程控制 第 4 部分：出版凹印）

  ISO 12647-4:2014 标准封面标题如图 4-10 所示。

  ISO 12647-4:2014 规定了应用于四色出版凹印的过程参数及其数值。这些参数及其数值是选自涵盖"分色""制版""打样""生产印刷"等工艺阶段的整个工艺过程。

  ISO 12647-4:2014 应用于以下 3 种场景：

  （1）直接适用凹版印刷出版物，包括杂志、目录以及商业性资料；

  （2）直接适用预示凹版印刷色彩效果的网目调或者连续调打样；

  （3）可类比性适用四色（印刷基本色）凹版包装印刷。

第四章 印刷标准应用

```
INTERNATIONAL          ISO
STANDARD             12647-4

                     Second edition
                     2014-07-15
```

Graphic technology — Process control for the production of half-tone colour separations, proof and production prints —

Part 4:
Publication gravure printing

Technologie graphique — Contrôle des processus de confection de sélections couleurs tramées, d'épreuves et de tirages —
Partie 4: Processus de gravure

图 4-10　ISO 12647-4:2014 标准封面标题

ISO 12647-4:2014 标准文件结构如表 4-18 所示。

表 4-18　ISO 12647-4:2014 标准文件结构

前言
引言
1 范围
2 规范性引用文件
3 术语和定义
4 要求
4.1 概述
4.2 数据文件和印版
4.3 在机打样和生产印刷品
附录 A 色域类型
A.1 概述
A.2 色域类型 1
A.3 色域类型 2
附录 B 灰色再现和灰平衡
参考文献

ISO 12647-4:2014 为该部分标准第二版，替代第一版（ISO 12647-4:2005），删除了关于胶片的要求，修改了打样要求、印刷条件、原色与复色的实地颜色及其他常规修订。ISO 12647-4:2014 目的是：

（1）列出并解释一组唯一确定由数字数据生产的网目调样张或生产印刷品的视觉特性及相关技术特征所需要的最低限度的主要工艺参数；

（2）给出过程控制必要的常用术语的定义；

(3) 描述测量方法和结果报告的要求。

5. ISO 12647-5:2015 Graphic technology — Process control for the manufacture of half-tone colour separations, proof and production prints — Part 5: Screen printing（印刷技术 网目调分色版、样张和生产印刷品的加工过程控制 第5部分：网版印刷）

ISO 12647-5:2015 标准封面标题如图 4-11 所示。

INTERNATIONAL STANDARD

ISO 12647-5

Second edition
2015-01-15

Graphic technology — Process control for the manufacture of half-tone colour separations, proof and production prints —

Part 5:
Screen printing

Technologie graphique — Contrôle du processus de confection de sélections couleurs tramées, d'épreuves et de tirages —
Partie 5: Sérigraphie

图 4-11 ISO 12647-5:2015 标准封面标题

ISO 12647-5:2015 规定了使用平面或滚筒印刷设备用于展示、标牌和图片的四色原色网版印刷的要求。成品的尺寸和分辨率都不做限定。过程阶段包括：

（1）数据准备和提供；

（2）打样；

（3）印版制作；

（4）印刷。

ISO 12647 系列标准基本框架基于 ISO 12647-1:2013，但建立这个基本框架以后，网版印刷产生了极大变化，因此 ISO 12647-5:2015 不同于 ISO 12647-1:2013 这个基本框架。

ISO 12647-5:2015 标准文件结构如表 4-19 所示。

表 4-19 ISO 12647-5:2015 标准文件结构

前言
引言
1 范围
2 规范性引用文件
3 术语和定义
4 要求

续表

4.1 丝网印刷系统数据要求

4.2 印版要求

4.3 印刷品生产要求

5 测试方法和报告：测控条

附录 A 过程控制测控条示例

附录 B 承印物颜色变化的色度数据校正

附录 C 不同色域类型油墨的实地色块目标值

参考文献

ISO 12647-5:2015 不同于第一版本，其未定义具体的印刷条件目标，而是指定一个特定的参考印刷条件（特性数据集）。ISO 12647-5:2015 要求印刷产品颜色匹配一个特性数据集或匹配由生产者和接收者商定的印刷条件，并指定沟通和生产中的最低要求和允差。对可能会影响最终结果（网版角度、分辨率、丝网网孔）的特定参数，也提供了规定和允差。由于网版印刷生产的产品在尺寸和观察距离上都有很大差异，作为加网和分辨率要求的一部分，都包含了观察距离参数。

6. ISO 12647-6:2020 Graphic technology — Process control for the production of half-tone colour separations, proofs and production prints — Part 6：Flexographic printing（印刷技术 网目调分色版、样张和生产印刷品的加工过程控制 第 6 部分：柔性版印刷）

ISO 12647-6:2020 规定了定义包装和出版材料（包括新闻纸）四色柔性版印刷目标所需的数据和信息交换要求。它基于颜色特征化数据的使用来定义色度印刷目标，包括柔版印刷工艺关键参数的责任分配和推荐公差。

ISO 12647-6:2020 标准封面标题如图 4-12 所示。

图 4-12　ISO12647-6:2020 标准封面标题

ISO 12647-6:2020 直接应用于以下场景：

（1）出版物柔性版印刷，包括杂志、目录和商业材料，以及包装柔性版印刷，包括标签、盒子和软包装；

（2）网目调和连续色调打样过程，预测柔版印刷的色度测量结果。

该标准还提供了有关柔性版印刷中使用的专色定义的指南。

建议使用行业认可的参考特征化数据集。使用来自旧的柔版印刷机的数据集会导致粗糙的特征化数据，因此转换不准确。大多数包装的目标是使所有印刷品具有相似的外观，通常用于柔版印刷、胶印、凹印和数字印刷的是相同的目标参考特征化数据集。

ISO 12647-6:2020 标准文件结构如表 4-20 所示。

表 4-20 ISO 12647-6:2020 标准文件结构

前言
引言
1 范围
2 规范性引用文件
3 术语和定义
4 要求
4.1 概述
4.2 材料输入要求
4.3 印刷目标
5 沟通
附录 A 专色数据信息 Communication of spot colour data
附录 B 信息交换
附录 C 确定分色片上网点的质量参数
C.1 细微线标
C.2 扫描显微密度计
参考文献

ISO 12647-6:2020 中定义了专色的色彩管理，可以利用 ISO 17972-4:2018 定义的 XML 模式中的光谱数据。ISO 17972-4:2018 包括专色特征化数据的交换规范，以促进专色数据的信息沟通。

现代柔性版印刷能够与大多数其他印刷目标保持一致，但是，基于承印物、应用、制版技术的某些条件无法满足与供应商目标保持一致的要求，ISO 12647-6:2020 文件中列出了应对这些例外情况进行讨论的所有属性。

7. ISO 12647-9:2021 Graphic technology — Process control for the production of half-tone colour separations, proof and production prints — Part 9：Metal decoration printing processes using offset lithography（印刷技术 网目调分色版、样张和生产印刷品的加工过程

控制 第 9 部分：使用平版胶印的金属整饰印刷）

ISO 12647-9:2021 规定了使用胶印在有白色涂层的金属承印物上进行彩色复制的系统的要求。该标准适用于平面单张金属板印刷，不适用于已成型或预成型金属印刷。例如，金属盒子或金属罐成型之前的有白色涂层的金属板适用于本标准。ISO12647-9:2021 给出了对应各项技术指标的相关试验方法。

相较于在纸张等承印物上印刷，在金属承印物上印刷具有独特的挑战。有时，金属表面预先涂上不透明的白色涂层，然后在白色涂层的上面进行彩色印刷。也有时候，直接在金属表面上印刷彩色油墨，这种情况下，通过油墨层可以观察和测量到裸露金属的性质、光泽、纹理或抛光痕迹。大多数金属承印物为电解镀锡板（ETP）、无锡钢（TFS）和铝，在进行彩色印刷之前，通常涂有白色涂层或预印白墨。ISO 12647-9:2021 仅考虑预涂有白色涂层的承印物。

ISO12647-9:2021 标准封面标题如图 4-13 所示。

INTERNATIONAL STANDARD

ISO 12647-9

First edition
2021-06-29

Graphic technology — Process control for the production of half-tone colour separations, proof and production prints —

Part 9:
Metal decoration printing processes using offset lithography

Technologie graphique — Maîtrise des procédés pour la fabrication des séparations couleur, des épreuves et des tirages en ton tramé —
Partie 9: Impression décorative sur métal avec un procédé offset lithographique

图 4-13　ISO 12647-9:2021 标准封面标题

ISO 12647-9:2021 标准结构如表 4-21 所示。

表 4-21　ISO 12647-9:2021 标准结构

前言
引言
1 范围
2 规范性引用文件
3 术语和定义
4 要求

续表

4.1 概述

4.2 数据文件和印版

4.3 样张或生产印刷品

5 测量方法

5.1 CIELAB 色坐标与 CIELAB 色差的计算

5.2 测控条

附录 A 灰色再现和灰平衡

附录 B 处理涂料颜色色差

参考文献

由于镜面反射和表面反射要求的复杂性，ISO 12647-9:2021 不考虑无白色涂层的金属承印物。此外，金属承印物本身的颜色性质限制了其再现的色域，金属印刷行业通常不会在无涂层金属板上印刷过多图像。因此，ISO 12647-9:2021 不同于 ISO 12647-2:2013 中用于在纸张或纸板上胶印的方法，该标准考虑了用于在预涂有白色涂层的金属承印物的颜色值及其胶印技术要求。

ISO 12647-9:2021 没有特别考虑专色印刷，关于专色及其标准通常由印刷买卖双方商定。ISO 12647-9:2021 中定义了使用 ISO 17972-1:2015 和 ISO 17972-4:2018 定义的".xml"模式中的光谱数据进行的专色管理。

四、印后阶段（postpress stage）

印后加工阶段是印刷产品的最后一个步骤。规范印后加工要求将明显减少因成品要求规范不明确而导致的重做，同时减少报废产品对环境的影响。印后国际标准将规定印刷产品与将印刷产品加工成最终成品，如书籍、杂志、报纸、小册子和包装产品等之间的信息沟通，以及完成印后加工的操作和测试程序要求。

1. ISO16762:2016 Graphic technology — Post-press— General requirements for transfer, handling and storage（印刷技术 印后加工 转运、处理和储藏的通用要求）

为了制造高质量的印刷品，印前、印刷和印后部门需要有效合作，同时，对于复杂的印后加工，需要有效安排并形成流畅的沟通。ISO 16762:2016 描述了确保原材料、中间产品和最终产品质量的一般操作。

ISO 16762:2016 封面标题如图 4-14 所示。

ISO 16762:2016 是印刷行业内印后加工的总括性标准，包括各种印后加工工艺的通用要求。该标准不是在每个印后标准中重复这些要求，而是作为涉及纸质产品印后加工的所有方面的通用参考。ISO 16762:2016 可单独使用，也可与其他相关标准结合使用。

INTERNATIONAL STANDARD

ISO 16762

First edition
2016-11-15

Graphic technology — Post-press — General requirements for transfer, handling and storage

Technologie graphique — Post-presse — Exigences générales pour le transfert, la manipulation et le stockage

图 4-14　ISO 16762:2016 封面标题

ISO 16762:2016 标准结构如表 4-22 所示。

表 4-22　ISO 16762:2016 标准结构

前言
引言
1 范围
2 规范性引用文件
3 术语和定义
4 要求
4.1 公差
4.2 活件信息要求（工作传票）
4.3 进货检验
4.4 中间产品要求
4.5 加工要求
5 操作和检测环境
5.1 温度和湿度
5.2 空气干扰
5.3 照明
5.4 清洁度
6 检验和测量要求
6.1 检查和检验频率
6.2 测量
7 包装、储存和运输要求
7.1 包装
7.2 储存

续表

7.3 运输

附件 A 控制元素和印刷表面整饰信息安排

A.1 概述

附件 B 抽样检验

参考文献

ISO 16762:2016 规定了印刷品在印刷和印后加工之间的转运、处理和储藏的通用要求。该标准确定了成功完成印后加工所需的信息（工作通知单）。此外，还规定了印后加工使用的材料的处理规范。

ISO 16762:2016 内容包括以下几方面：

（1）工艺要求（process requirements）：工作信息要求 job（information requirements）；进货检验（incoming goods inspection）；中间产品要求（intermediate product requirements）；处理要求（processing requirements）。

（2）操作和测试环境（operating and testing environments）。

（3）检验和测量要求（inspection and measurement requirements）。

（4）包装、储存和运输要求（packing, storage and transportation requirements）。

2. ISO 16763:2016 Graphic technology — Post-press — Requirements for bound products（印刷技术 印后加工 装订产品要求）

ISO 16763:2016 规定了装订产品及其加工过程中的质量要求和标准。该标准适用于需要工业装订的产品，如书籍、杂志、目录和小册子。

ISO 16763:2016 封面标题如图 4-15 所示。

INTERNATIONAL STANDARD　　ISO 16763

First edition
2016-03-01

Graphic technology — Post-press —
Requirements for bound products

Technologie graphique — Exigences pour la finition — Produits reliés

图 4-15　ISO 16763:2016 封面标题

印后加工对装订产品的外观、可用性和耐久性有明显的影响。ISO 16763:2016 旨在解决此类产品印后生产中的主要质量问题。

装订产品的印后生产包括四个主要过程：裁切、折页、配页和装订。由于工艺步骤是相互关联和连续的，任何一个步骤的偏差都可能导致最终产品不合格。因此，ISO

16763:2016规定了装订生产的技术要求和标准，以避免质量缺陷（见表4-33）。

表 4-23　ISO 16763:2016 标准结构

前言
引言
1 范围
2 规范性引用文件
3 术语和定义
3.1 转换过程
3.2 装订方法
3.3 产品和结构
3.4 部件与装订材料
3.5 装订质量评价
4 工艺要求
4.1 概述
4.2 裁页
4.3 折页
4.4 配贴
4.5 装订
4.6 裁边
4.7 硬壳书生产制作
4.8 软面书生产制作
5 装订质量控制
5.1 概述
5.2 抽样
5.3 最终产品检验
附录 A 成品翘曲度测量方法
A.1 概述
A.2 测量
参考文献

ISO 16763:2016 的使用目标包括以下场景：

（1）加强装订产品生产的全过程控制；

（2）提高印后工艺的生产效率和准确性；

（3）减少因工作方法不当而导致的重做；

（4）以普遍理解的方式促进印后加工质量要求的透明度。

需要说明的是，ISO 16763:2016 不适用于包装品或表面整饰加工。

第四节　环境相关标准

到目前为止，由 ISO/TC 130 WG11 Environmental impact of graphic technology 印刷技术对环境的影响工作组组织制定了四项涉及印刷行业并与环境相关的国际标准。

一、ISO 16759:2013

ISO 16759:2013 Graphic technology — Quantification and communication for calculating the carbon footprint of print media products（印刷技术　印刷媒体产品中碳足迹计算的量化和沟通）

ISO 16759:2013 封面如图 4-16 所示。

INTERNATIONAL STANDARD　**ISO 16759**

First edition
2013-07-01

Graphic technology — Quantification and communication for calculating the carbon footprint of print media products

Technologie graphique — Quantification et communication relatives au calcul de l'empreinte carbone des produits imprimés

图 4-16　ISO 16759:2013 封面

ISO 16759:2013 规定了使用任何印刷工艺生产印刷媒体产品所需的工艺、材料和技术的碳足迹的量化要求，这些工艺、材料和技术在用户的知识和控制范围内。它基于生命周期评估（LCA）方法，使用定义的系统边界和指定的功能单元作为完整或部分碳足迹研究的基础。这些数据可以在各个印刷媒体产品的整个供应链中引用。

ISO 16759:2013 定义了向企业和消费者传达印刷媒体产品碳足迹研究结果时应遵循的完整性标准。

ISO 16759:2013 提供了一个可以遵循的碳计算器框架，可以用作市场或行业特定碳足迹工具的结构。在此框架方法中构建的研究和工具提供了量化的可验证和验证的印刷媒体产品的碳足迹。

印刷产品碳足迹研究的目的是按照生命周期评价的原则，量化印刷产品在生命周期或部分生命周期中温室气体的排放，或者按照已知的计算碳足迹的准则，在碳足迹研究主体的控制下，量化印刷产品生命周期的某个部分的温室气体排放。

ISO 16759:2013 是在 PAS 2050 或 ISO/TS 14067 等现有规则基础上制定的，并补充了

行业特定的要求。ISO 14067 标准为测量产品及服务的碳足迹提供了框架方法，ISO 16759 标准可以称为 ISO 14067 的执行版。ISO 14067 标准并不针对任何一个特定行业，而印刷行业是运用发展其方法论的第一个领域。它是 CO_2 计算器发展的基准文件，涵盖了从标签和包装到书籍、事务性印刷品和报纸等印刷行业所有领域。

ISO 16759:2013 标准结构如表 4-24 所示。

表 4-24　ISO 16759:2013 标准结构

前言
引言
1 范围
2 规范性引用文件
3 术语和定义
3.1 与碳足迹相关的术语
3.2 与温室气体相关的术语
3.3 与生命周期评价相关的术语
3.4 与组织和消费者相关的术语
3.5 与印刷媒体产品和生产过程相关的术语— 印前
3.6 与印刷媒体产品和生产过程相关的术语— 印刷
3.7 与印刷媒体产品和生产过程相关的术语 — 印后
3.8 与数据和数据质量相关的术语
4 碳足迹量化原则
4.1 一般要求
4.2 生命周期角度
4.3 相对方法和功能单元
4.4 相关性
4.5 完整性
4.6 一致性
4.7 准确性
4.8 透明性
4.9 避免重复计算
4.10 实施要素
5 方法
5.1 一般要求
5.2 目标和范围
5.3 系统边界定义
5.4 数据时间边界
5.5 生命周期阶段的碳足迹量化
6 报告

续表

6.1 概述

6.2 文件要求

6.3 产品碳足迹说明

7 沟通要求

7.1 概述

7.2 说明和对比

7.3 产品定义和产品分类规则 (PCRs)

附录 A CFP 表达选项的一般要求和指南 — 温室气体

附录 B 用于定义产品特性的输入标准的库存分析

B.1 用于定义产品特性的输入标准的库存分析

B.2 承印物处理

B.3 油墨

B.4 上光油

B.5 润湿液和润湿添加剂

B.6 表面整饰特性

B.7 功能单元示例

附录 C 系统边界内过程和数据收集的操作和材料

C.1 概述

C.2 内容创建（选项）

C.3 印前

C.4 印刷（个人和集体工作）

C.5 印后加工和表面整饰

C.6 系统边界内数据收集项目

附录 D Intergraf 关于印刷行业二氧化碳排放量计算的建议

附录 E 印刷媒体碳足迹比较指南

附录 F 欧洲、德国及泰国计算示例

    由于 ISO 16759:2013 标准涉及不同领域及印刷的各个细分领域，因此全球的印刷品购买者都可以使用该标准对不同的生产过程进行碳足迹比较。例如，印刷品购买者可以计算同一印刷产品在数字印刷机或传统胶印机上印刷从而产生的碳足迹。无论是印刷方式、工作流程、运转周期、介质类型、油墨及印后工序，ISO 16759:2013 标准都可以准确反映出它们的差异。ISO 16759:2013 是针对印前和印刷服务提供者、印刷厂家、媒体单位、其他印刷内容出版者、相关工业协会和印刷品碳足迹工具的提供者而制定的。这种针对单一影响类型的准则方法为今后研究多种准则的多种影响类型提供了基础。

    ISO 16759:2013 确保印刷服务商的 CO_2 计算符合国际上公认的规定。这将伪造计算结果的可能性被降到最低限度。据印刷工业生态倡议组织称，ISO 16759:2013 新标准对于在不同企业和不同方法生产印刷产品的 CO_2 影响的比较具有重要意义。

    需要说明的是，ISO 16759:2013 并不是直接的碳足迹计算器，而是对计算印刷媒体产品碳足迹工具的设计、内容、数据采集结构以及碳足迹报告的构成提出了规范要求。ISO 16759:2013 旨在为碳足迹计算提供一致性的框架方法。它是以换算而来的二氧化碳当量值为依据，提出了计算和交流印刷产品生命周期温室气体排放的方案要求，适用于导致气候变化的单一影响类型。

二、ISO 20690:2018

ISO 20690:2018 Graphic technology — Determination of the operating power consumption of digital printing devices（印刷技术 数字印刷设备的运行功率消耗测定）。

ISO 20690:2018 提供了在不同操作模式下测量小幅面和宽幅面数字印刷机耗电量的要求和建议。该标准适用于制造商做适合用作数字生产印刷机的设备的自我声明。

ISO 20690:2018 提供了一种根据两种或两种以上特征机器组合比较能效数据的方法：最佳质量（BQ）、最佳生产率（BP）或其他组合。在比较由 ISO 20690:2018 中获得的结果时，应注意将被比较的设备产生相同的印刷质量，设置为使用可比较类型的印刷技术、工艺和设备配置。

ISO 20690:2018 标准封面如图 4-17 所示。

INTERNATIONAL STANDARD　　**ISO 20690**

First edition
2018-02

Graphic technology — Determination of the operating power consumption of digital printing devices

Technologie graphique — Lignes directrices pour déterminer la consommation électrique des dispositifs d'impression numérique

图 4-17　ISO 20690:2018 标准封面

ISO 20690:2018 不适用于确定单个设备组件（如伺服、风扇、压缩机、控制板等）的功耗。该标准不包括用于印刷服装或纺织品的数字印刷机，以及印刷陶瓷等特殊工艺的数字印刷机。此外，传统单张纸和卷筒纸胶印机与办公设备的能耗计算规范已经存在并广泛使用。因此，ISO 20690:2018 不适用于传统单张纸和卷筒纸胶印机的能效计算，也不适用于办公设备。

ISO 20690:2018 规定了数字生产印刷机（也称为专业数字印刷机）的能源效率估算方法。数字印刷系统的制造商应声明其是否适合用作数字生产印刷机，只有在这种情况下，该标准才适用。

ISO 20690:2018 标准结构如表 4-25 所示。

表 4-25　ISO 20690:2018 标准结构

前言

引言

1 范围

2 规范性引用文件

3 术语和定义

4 一般条件

4.1 环境、寿命和设备配置

4.2 连接条件

4.3 印刷条件和操作模式

4.4 测量条件

4.5 测量周期

4.6 测量结果的计算和记录

附录 A 测量数据印张

A.1 概述

A.2 报告能耗和能效数据（第一节）

A.3 报告主要部分（第二节）

A.4 其他报告信息（第三节）

附录 B 数字印刷设备的工作功耗测量程序

B.1 一般程序

B.2 印刷品生产模式的功率测量

B.3 印刷品待机模式的功率测量

B.4 组合测试流程示例

参考文献

使用该标准的用户应了解，电源的有效性并不决定客户可能要求的预期输出的质量验收水平。功耗是所有输出要求和质量标准的重要组成部分，这些要求和标准对于维持印刷买方要求的质量和可重复性是必要的。能源效率可以各种方式报告，如每千瓦时打印的打印数，或者以千瓦时为单位报告生成特定数量打印所需的能量。此信息可用于以下场景：

（1）评估机器（包括外围设备）的功耗和能效；

（2）估算投资规划的运营成本；

（3）数字生产印刷机的基准能效；

（4）测量数字打印设备的能源效率随时间或专用工艺变化的改进；

（5）提供数据，使公司在使用更节能的设备/更换设备时能够申请环境补贴。

三、ISO 21632:2018

ISO 21632:2018 Graphic technology — Determination of the energy consumption of digital printing devices including transitional and related modes（印刷技术 包括过渡和相关模

式在内的数字印刷设备能耗的测定）。

ISO 21632:2018 标准封面如图 4-18 所示。

图 4-18　ISO 21632:2018 标准封面

ISO 21632:2018 为测量和计算任何幅面的数字生产印刷机的耗电量提供了指导，其模式（生产印刷模式除外）在综合能耗中起着重要作用。它不包括印刷纸张或塑料以外的承印物的数字印刷机和配备数字喷墨打印头的传统印刷机。

ISO 21632:2018 可用于比较不同机器组合的能效数据：最佳质量（最慢）、最高生产率（最快）或其他替代组合。

ISO 21632:2018 标准结构如表 4-26 所示。

表 4-26　ISO 21632:2018 标准结构

前言
引言
1 范围
2 规范性引用文件
3 术语和定义
4 一般条件
4.1 环境、寿命和设备配置
4.2 连接条件
4.3 印刷条件和操作模式
4.4 测量条件
4.5 检测程序
4.6 测量结果的计算和记录
4.7 基于典型活件结构使用功率测量值计算综合日能耗
附录 A 测量数据印张

	续表
附录 B 综合能耗的计算	
附录 C 印刷媒体产品碳足迹的计算	
C.1 概述	
C.2 室温气体 (GHG) 排放的计算方法	
C.3 能量测量方案	
参考文献	

ISO 21632:2018 的应用提供了与数字打印设备能耗相对应的能效数据。这些数据可用于通知各个生产场景，包括不同班次、印刷材料和印刷的其他典型因素。

第五节 纸质印刷产品印制质量检验规范

《纸质印刷产品印制质量检验规范》（GB/T 34053）是国家新闻出版总署出版物质量监督中心 2012 年起承担的国家"双打"质检公益行业项目中的一部分。"双打"工作的技术需求是，建立相关产品检验鉴定方法有效性的评价技术和标准，开展国内外相关检验鉴定技术方法的评价，确定其有效性范围，对于缺失的检验鉴定方法提出技术需求。根据国务院部署开展打击侵犯知识产权和制售假冒伪劣商品专项行动（以下简称"双打"），针对"双打"行动制定相关鉴定标准与规范，其目的就是为有效指导一线文化市场监督执法人员，能够尽快地掌握简单易行、可操作性强的法规标准依据，并具有法律效应的技术性文件标准。2014 年 2 月 18 日，根据国家新闻出版广电总局的要求，SAC/TC 170 决定承担《纸质印刷产品印制质量检验规范》（GB/T 34053）多部分国家标准项目的归口管理工作，并组织社会相关专家制定该部分标准。

《纸质印刷产品印制质量检验规范》（GB/T 34053）是基于印刷领域的国家标准项目，共包含 6 个部分的内容，分别是：

第 1 部分：术语；

第 2 部分：抽样判定规则；

第 3 部分：图书期刊；

第 4 部分：中小学教科书；

第 5 部分：报纸；

第 6 部分：折叠纸盒。

《纸质印刷产品印制质量检验规范》（GB/T 34053）多部分标准，主要依据图书、教材、包装纸质印刷产品标准中与检验规定有关的国家标准和行业标准，作为印厂和质量监督检验部门的标准依据，在确定各部分技术数据指标时，不同程度地等同采用了相关标准的技

术内容,并对个别技术指标根据实际情况做了相应的调整。该系列标准具有如下几个特点:

(1) 标准性质。本系列标准是对一件完整成品的质量技术要求,用于对出厂产品的检验、监督抽查或对商品的合格判定检验。

(2) 结构划分。对产品的技术要求是从外观、印刷、表面整饰、成型四个方面来检验产品的质量,原则上每一种质量缺陷只能在检验项目不合格分类中出现一次。

(3) 表述形式。一是技术要求以表格代替文字表述;二是以正面的技术要求描述;三是能用符号表述的技术要求尽量不用语言表述;四是用区间表示范围;五是技术要求对程度的描述尽量以定量描述;六是问题描述只描述现象不描述原因。

(4) 判定规则。对于不符合检验项目技术要求的质量缺陷,按严重程度划分为A类不合格、B类不合格、C类不合格,第3、4部分标准只有A、B两类不合格,并重新定义了不合格品的概念。规定了单册合格判定规则和批量合格判定规则,改变了过去因某一项目不符合技术要求就可能判定整件产品不合格的模糊判定方法。

《纸质印刷产品印制质量检验规范》多部分标准,主要指向图书、教材、包装纸质印刷产品质量检验规定的国家标准,其突出一个"成品质量检测标准依据",而不同于现行的相关国家和行业标准对同类产品指导印厂生产加工工艺过程控制的标准依据。该部分标准适宜性既要考虑到标准制定的规范性、系统性,也要充分考虑到质检机构和技术鉴定人员的可操作性,加工过程不必考虑,只注重结果,从而更加凸显了该多部分标准的可操作性和实用性。

《纸质印刷产品印制质量检验规范》(GB/T 34053)已经成为国家新闻出版署"3·15"印刷复制质检活动以及全国各地纸质印刷品质量检测依据的主要标准。

一、GB/T 34053.1—2017 纸质印刷产品印制质量检验规范 第1部分:术语

GB/T 34053.1—2017 规定了纸质印刷产品印制质量检验工作涉及的专业用语。
GB/T 34053.1—2017 标准封面如图4-19所示。

图 4-19　GB/T 34053.1:2017 标准封面

GB/T 34053.1—2017主要包括质量、不合格和检验判定三个主要方面的术语，如表4-27所示。

表 4-27 GB/T 34053.1—2017 术语词条

2 质量术语

2.1 印制质量（quality of printed products）

2.2 外观质量（appearance quality）

2.3 印刷质量（printing quality）

2.3.1 清晰度（sharpness）

2.3.2 套印误差（registration deviation）

2.4 表面整饰质量（finishing quality）

2.5 成型质量（forming quality）

2.5.1 钉锯（staple）

2.5.2 订位（staple position）

3. 不合格术语

3.1 不合格（nonconformity）

3.1.1 A 类不合格（A-class nonconformity）

3.1.2 B 类不合格（B-class nonconformity）

3.1.3 C 类不合格（C-class nonconformity）

3.2 外观质量不合格（appearance nonconformity）

3.2.1 脏迹（dirty marks）

3.2.2 褶皱（crease）

3.2.3 露白（book-edge bleeding）

3.2.4 划痕（scratch）

3.3 印刷质量不合格（printing quality nonconformity）

3.3.1 重影（doubling）

3.3.2 透印（print through）

3.3.3 墨色不匀（color unevenness）

3.3.4 异色点（speckle）

3.4 表面整饰质量不合格（finishing nonconformity）

3.4.1 卷曲（curl）

3.4.2 亏膜（short of film）

3.4.3 起泡（bubbling）

3.4.4 糊版（flaky）

3.4.5 爆裂（cracking）

3.4.6 漏烫（missing stamping）

3.5 成型质量不合格（forming nonconformity）

3.5.1 小页（short page）

3.5.2 出套（loose sewn signature）

3.5.3 扎豁（gaping）

3.5.4 露胶根（gum leaking）

3.5.5 掉页（page pulling off）

3.5.6 刀花（knife trace）

续表

3.5.7 破头（broken end）

3.5.8 连刀页（uncut pages）

3.5.9 岗线（crest line）

3.5.10 透楞（washboard effect）

3.5.11 露楞（flute showing）

3.5.12 盒脚漏洞（triple junction gap）

3.5.13 粘连（adhension）

3.5.14 开胶（tackless）

3.5.15 叼针眼破裂（pinhole tear off）

检验术语

4.1 检验（inspection）

4.2 样本（sample）

4.3 样本量（sample size）

4.4 批（lot）

4.5 检验批（inspection lot）

4.6 批量（lot size）

4.7 抽样方案（sampling plan）

4.8 抽样程序（sampling procedure）

4.9 不合格品（nonconforming item）

4.10 不合格判定数（rejection number）

4.11 批质量（lot quality）

4.12 接收质量限（acceptance quality limit，AQL）

4.13 检验水平（inspection level）

4.14 正常检验（normal inspection）

4.15 成品（finished product）

所谓术语（term）指专门学科的专门用语，用来正确标记生产技术、科学、艺术、社会生活等各个专门领域中的事物、现象、特性、关系和过程。术语在信息传达与技术交流中发挥着非常重要的作用。

GB/T 34053.1—2017 与 GB/T 9851（印刷技术术语）系列术语标准相比，确定内容的方法不同，框架结构不同，作用不同。该标准新定义了一系列质量术语、质量不合格术语和部分检验术语，下列这些术语是理解该系列标准的重要基础（下列术语定义来源于 GB/T 34053.1—2017）。

1. 印制质量（production quality of printed products）

印制质量是印刷产品在功能、外观、规格、耐用性等方面满足消费者需要的质量特性总称。

2. 印刷质量（printing quality）

印刷质量是印刷产品满足消费者需要的各种图文信息复制质量特性的总和。

3. 不合格 (nonconformity)

不合格指不满足规范的要求。

(GB/T 2828.1—2012，定义 3.1.5)

4. A 类不合格 (A-class nonconformity)

A 类不合格是最受关注的一种类型的不合格，用于单项判定不合格品的依据。

注：A 类不合格俗称严重质量缺陷。

5. B 类不合格 (B-class nonconformity)

B 类不合格关注程度低于 A 类不合格，用于多项累加判定不合格品的依据。

注：B 类不合格俗称一般质量缺陷。

6. C 类不合格 (C-class nonconformity)

C 类不合格关注程度低于 B 类不合格，用于多项累加判定不合格品的依据。

注：C 类不合格俗称轻微质量缺陷。

7. 不合格品 (nonconforming item)

不合格品是指具有规定数量的 A 类、B 类、C 类不合格的产品。

注：GB/T 2828.1—2012，定义 3.1.7。

8. 不合格判定数 (rejection number)

不合格判定数指作出批不合格判断样本中所不允许的最小不合格品数。

9. 检验 (inspection)

检验是指为确定产品或服务的各特性是否合格，测量、检查、测试或量测产品或服务的一种或多种特性，并且与规定要求进行比较的活动。

注：GB/T 2828.1—2012，定义 3.1.1。

10. 成品 (finished product)

成品指完成规定的生产和检验流程，已办理入库手续的产品。

二、GB/T 34053.2—2017 纸质印刷产品印制质量检验规范 第 2 部分：抽样判定规则

GB/T 34053.2—2017 标准封面如图 4-20 所示。

GB/T 34053.2—2017 规定了纸质印刷产品抽样判定的术语和定义、抽样程序、批质量判定。该标准适用于纸质印刷产品的抽样及批质量判定。

该标准制定中参考了 GB/T 2828.1—2012 计数抽样检验程序第 1 部分：按接收质量限（AQL）检索的逐批检验抽样计划。标准主要提出了抽样程序的内容：接收质量限（AQL）和检验水平确定，样本量字码的确定对应样本量的确定以及批质量判定（见表 4-28）。

图 4-20　GB/T 34053.2—2017 标准封面

表 4-28　GB/T 34053.2—2017 标准结构

1 范围
2 规范性引用文件
3 术语和定义
4 抽样程序
4.1 样本的确定
4.1.1 样本量确定步骤
4.1.2 接收质量限（AQL）和检验水平确定
4.1.3 样本量字码的确定
4.1.4 样本量的确定
4.2 样本的抽取
5 批质量判定

由于双打项目需要简洁易操作，且一次抽样是主流，所以在该标准中不涉及二次抽样，仅限于批质量的判定。

检验水平和 AQL 值选择，鉴于不同产品类别取值是依据原有标准并结合现实情况发生变化，尤其是包装类产品类别繁多、要求差异大，GB/T 34053.2—2017 提供了如表 4-29（源自 GB/T 34053.2—2017 中第 4.1.2 条款）所示的不同产品类别的接收质量限（AQL）以及对应的检验水平参照。

表 4-29　接收质量限和检验水平

产品类别	AQL	检验水平
书刊	4.0	S-4
低幼儿童读物	4.0	S-4

续表

产品类别	AQL	检验水平
中小学教科书	6.5	S-3
报纸	6.5	S-1
包装装潢类	6.5	S-3
标签类	4.0	S-3
票证类	4.0	S-3

注：检验水平对应 GB/T 2828.1—2012 的特殊检验水平

三、GB/T 34053.3—2017 纸质印刷产品印制质量检验规范 第 3 部分：图书期刊

GB/T 34053.3—2017 标准封面如图 4-21 所示。

图 4-21　GB/T 34053.3—2017 标准封面

《纸质印刷产品印制质量检验规范 第 3 部分 图书期刊》（GB/T 34053.3—2017），主要围绕纸质印刷产品抽验时所依据的质量标准技术要求、检验方法和不合格分类指标及判定规则。

GB/T 34053.3—2017 规定了图书和期刊类印刷产品印制质量检验所涉及的术语和定义、印制质量要求、检验方法和判定依据，如表 4-30 所示。

表 4-30　GB/T 34053.3—2017 标准结构

1 范围
2 规范性引用文件
3 术语和定义
4 印制质量要求

续表

4.1 外观质量要求

4.2 图文印刷质量要求

4.3 表面整饰质量要求

4.4 成型质量要求

5 检验方法

5.1 检验条件

5.2 测量方法

6 判定规则

6.1 单册产品质量判定

6.2 检验批质量判定

GB/T 34053.3—2017 适用于图书和期刊类印刷产品印制质量检验和判定。其他书籍本册产品包括目录、说明书、宣传册、非出版物的书册、单页、卡片等纸质印刷品可参照本部分进行印制质量检验和判定。

GB/T 34053.3—2017 不适用于中小学教科书及教辅印制质量检验和判定。

GB/T 34053 系列标准中几个共性的内容需要理解正确。

1. 检验条件

标准中第 5.1 条款"检验条件"中第 1 条款规定了"环境温湿度要求",如表 4-31 所示。

表 4-31　GB/T 34053.3—2017 中检验环境温湿度要求

5.1 检验条件

5.1.1 环境温湿度要求

温度：23℃ ±5℃；相对湿度：(60^{+15}_{-10})%

来源：GB/T 34053.3—2017。

结合生产的实际情况，检验条件既是检验产品的条件，也是生产加工产品的条件，两者尽量统一。

由于我国地域差别以及一年四季环境温湿度的差别，环境温度规定为"23℃ ±5℃"，相对湿度规定为"（60^{+15}_{-10}）%"，如果温度高于 28℃，相对湿度高于 75%，可能造成诸如油墨容易乳化、纸张或纸板容易伸涨等问题，影响印刷品质量；如果温度低于 18℃，相对湿度低于 50%，则影响油墨的流动与传递，纸张的含水量发生变化，造成网点容易不实、套印不准等故障。考虑到地域与季节的差异，企业在采用上述标准时，应该注意在此范围内选择最为合适的一个确定的小范围，即同一地点、同一季节、同一天内其温度差不能过大，偏差范围要控制在 5℃ 之内，相对湿度偏差范围也应控制在 5% 之内。

2. 测量方法

标准中第 5.2 条款"测量方法"给出两种方法："5.2.1 目测法"与"5.2.2 测量法"，

这种表述在我国的国家标准中比较常见。测量方法要求如表4-32所示。

表4-32 GB/T 34053.3—2017中测量方法要求

5.2 测量方法
5.2.1 目测法
表1中成品裁切、模切切口、整体外观、书背外观、钉锯外观、压槽外观、丝带，表2中的文字、线条、图像、页面外观，表3中覆膜、上光、烫印、压凹凸，表4中书页、书芯与背胶、侧胶粘结宽度、锁线、订线、书壳、堵头布、环衬等检验项目中的定性技术要求采用目测法进行检验。
5.2.2 测量法
5.2.2.1 使用分度值为01mm的标准量具对长度相关的检验项目进行测量。
5.2.2.2 使用分度值为0.01 mm的标准量具对套印误差进行测量。
5.2.2.3 使用分度值为1°的量角器对书壳掀开角度进行测量。
5.2.2.4 色度测量，使用符合CB/T18722要求的分光光度计按照GB/T7705-2008中66规定的方法，对同批同位置色差测量及同色接版色差进行测量和计算。测量同批同位置色差时，以被检批样品的CLEL*a*b*均匀色空间的L*值、a*值、b*值的平均值作为基准测同批同位置色差。
5.2.2.5 成品歪斜误差的测量：测量书册对角线的长度差即为成品歪斜误差；当书册轮廓呈现等腰梯形时，测量相对应边的长度差即为成品歪斜误差。
5.2.2.6 版心歪斜度的测量：测量版心长边边缘两端距离书册边缘线的距离差以及版心长度，此差值占版心的百分比即为版心歪斜度。
5.2.2.7 书背字平移误差及歪斜误差的测量：按照GB/T 30326-2013中8.6规定的方法测量。
5.2.2.8 书芯粘结强度的测量：用精度不低于0.1N的粘结强度试验机按照CY/T 40－2007中5.7规定的方法测量。

印刷品质量评价分为主观评价、客观评价以及综合评价三种方法。在我国的标准中通常以上表中所示"目测法"表示主观评价，"测量法"表示客观评价。

目测法指操作者或者检验者借助放大镜等工具来检查相应的质量指标。目测法属于主观评价方法，因此受限于检验者的经验、技术水平等因素，同时，对于主观评价的质量指标的理解也是在应用标准时特别要注意的。例如，GB/T 34053.3—2017第4.1条款"外观质量要求"中要求整体外观"整洁，平服，完整"，出现"影响阅读的脏迹"属于"A类不合格"，出现"明显褶皱、折痕、脏迹"属于"B类不合格"。此处"平服"是指页面不要有明显褶皱、折痕。经常出现的褶皱是八字折，另一种缺陷是折痕，即纸张被折叠后又打开在页面留下的痕迹。

"脏迹"主要是指印刷过程中产生的脏迹。例如，飞墨、透印、油墨未干时折叠或堆放使版面过低蹭脏，当这类脏迹影响到图文阅读时，则要判定为不合格品。

测量法中则明确指出所用工具，有如下两种情况：

（1）规定所用量具的分度值。例如，GB/T 34053.3—2017第5.2.2条款"测量法"中规定"使用分度值为0.1mm的标准量具对长度相关的检验项目进行测量"。分度值即最小刻度值，就是在测量仪器上所能读出的最小值，指测量工具上相邻的两个刻度之间的最小格的数值。通常标准中规定的量具的分度值与测量指标数值相差一个数量级或者半个数量级。例如,标准中要求"成品尺寸偏差为±1.5mm",因此考虑到印刷企业的实际情况,标准中检验方法规定"使用分度值为0.1mm的标准量具"。此外,检验者需注意所用量具应经法定计量部门检定合格。

(2)规定使用的仪器性能符合相关国家或行业标准的要求。GB/T 34053.3—2017第5.2.2.4条款中规定"使用符合GB/T 18722要求的分光光度计,按照GB/T 7705—2008中6.6规定的方法,对同批同位置色差测量及同色接版色差进行测量和计算。"此处"同批同位置色差"是指同一批产品相同位置的颜色有差别,用ΔE*ab来表示色差,测量方法是使用符合GB/T 18722要求的分光光度计,按照GB/T 7705—2008中6.6(实际溯源到GB/T 18722—2002中5.6.2及5.7.1)规定的方法对同批同位置色差进行测量。测量时以被检批次产品(样品)的CLE L*a*b*均匀色空间的L*值、a*值、b*值的平均值作为基准测量同批同位置色差。"同色接版色差"是指当同一颜色的图像分印在两个相邻但不直接相连的页面时,颜色的差异用同色接版色差来衡量。检测方法仍是使用符合GB/T 18722要求的分光光度计,按照GB/T 7705—2008中6.6(实际溯源到GB/T 18722—2002中5.6.2)规定的方法检测,与同批同位置色差不同的是不需要测算平均值,只要测量两个相邻接版的同种颜色色差即可。

四、GB/T 34053.4—2017 纸质印刷产品印制质量检验规范 第4部分:中小学教科书

GB/T 34053.4—2017标准封面如图4-22所示。

图4-22 GB/T 34053.4—2017标准封面

GB/T 34053.4—2017规定了中小学教科书产品质量检验判定所涉及的术语和定义、产品质量要求、不合格品的判定、批质量的判定、检验方法,其结构如表4-33所示。

GB/T 34053.4—2017适用于中小学教科书,其他类教材及中小学教辅材料可参照使用。

GB/T 34053.4—2017是针对中小学教科书产品整体质量的综合检验的国家标准，主要是为中小学教科书产品质量监督、检验执法人员提供最具权威的、有判定依据的技术规范和标准文件，重点突出"产品质量检测"，而不同于现行的相关国家和行业标准。其重点在于对中小学教科书的生产加工工艺过程控制的标准依据，偏重于指导和规范印厂的技术性标准文件，此类标准分类细致，专业、产品不同，标准序列、颁布实施年份也不同，不便于监督检验执法人员正常开展工作。该部分标准的制定原则重点考虑到质量监督检验技术鉴定人员的可实用性，只注重产品，不考虑产品生产过程的需要。从而更加凸显了本部分标准的针对性和可操作性。

GB/T 34053.4—2017标准结构如表4-33所示。

表4-33 GB/T 34053.4—2017标准结构

1 范围
2 规范性引用文件
3 术语和定义
3.1 折叠纸盒
3.2 微型瓦楞
4 印制质量要求
4.1 外观质量要求
4.2 印刷质量要求
4.3 表面整饰质量要求
4.4 成型质量要求
5 检验方法
5.1 温湿度要求
5.2 检验方法
6 判定规则
6.1 单件产品不合格判定
6.2 检验批不合格判定

GB/T 34053.4—2017主要围绕纸质印刷产品抽检时，所应依据的质量标准技术要求、检验方法和不合格分类指标及判定规则等主要内容。

GB/T 34053.4—2017标准的制定，就是专指当前现行的全日制中小学教材用书。为文化市场监督执法机构，规范、指导教材出版、印制、销售渠道，打击制售非法和假冒伪劣出版物的违法行为，保护学生和老师们的合法权益，具有长远的社会意义。

GB/T 34053.4—2017是在当前全国印刷行业制版、印刷、印后数字化、智能化、自动化、标准化技术均有新的提升的条件下确定的，很贴合当前国家、行业的发展现状和需要，同时也更能有力地督促个别规模设施落后、产能低、管理水平松散、质量标准不达标的印厂加大技改投入力度，加快转型升级发展步伐。具有推动行业技术水平快速发展的激励作用。

针对我国中小学教科书使用中的实际情况和阅读要求，相较于《纸质印刷产品印制质

量检验规范 第3部分 图书期刊》（GB/T 34053.3—2017）内容，《纸质印刷产品印制质量检验规范 第4部分：中小学教科书》（GB/T 34053.4—2017）特别规定了如下几个指标要求：

（1）教材有别于一般图书，现在有的图书编辑特意要求使用加白的纸张来衬托图书的洁净和档次，但是由于学生长时间对视教材学习，纸张太白对学生视力影响很大。因此，教材内文用纸必须规定其亮（白）度指标范围。GB/T 34053.4—2017 中规定"正文纸亮（白）度/%"为 72.0 ～ 90.0。

（2）学生每天都要翻阅教材，许多教材在学生手里学业未结束，教材封面已经与正文分离了。所以，教材封面用纸耐折强度技术指标需要特别提出，如表 4-34 所示。

表4-34 GB/T 34053.4—2017 中纸张耐折强度与白度要求

检验项目	技术要求		不合格分类	
			A 类	B 类
纸张耐折强度 （横向）/次	涂布纸	≥ 8	< 6	[6，8)
	非涂布纸			
正文纸亮（白）度（%）	72.0 ～ 90.0		—	< 72.0 或 > 90.0

来源：GB/T 34053.4—2017 中 4.2 条款。

五、GB/T 34053.5—2017 纸质印刷产品印制质量检验规范 第 5 部分：报纸

GB/T 34053.5—2017 标准封面如图 4-23 所示。

ICS 37.100.01
A 17

中华人民共和国国家标准

GB/T 34053.5—2017

纸质印刷产品印制质量检验规范
第 5 部分：报纸

Specifications of quality inspection for printed paper products—
Part 5: Newspaper

图 4-23 GB/T 34053.5—2017 标准封面

GB/T 34053.5—2017 规定了报纸类印刷产品印制质量检验所涉及的术语和定义、印制质量要求、检验方法及判定规则。

GB/T 34053.5—2017 适用于报纸类印刷产品印制质量检验和判定。

GB/T 34053.5—2017 标准结构如表 4-35 所示。

表 4-35　GB/T 34053.5—2017 标准结构

1 范围
2 规范性引用文件
3 术语和定义
4 印制质量要求
4.1 新闻纸报纸印制质量要求
4.2 轻涂纸和铜版纸报纸轮转印制质量要求
5 检验方法
5.1 检验条件
5.2 检验方法
6 判定规则
6.1 单件产品不合格判定
6.2 检验批不合格判定

对报纸印制质量进行管控是 GB/T 34053.5—2017 的目的，标准既要符合国际、国内相关法规的要求，又能结合国情、行业现状与发展需要，使标准的贯彻实施更能切实可行，标准的制定，为报纸印制质量的管控和评价提供了依据。

六、GB/T 34053.6—2017 纸质印刷产品印制质量检验规范 第 6 部分：折叠纸盒

GB/T 34053.6—2017 标准封面如图 4-24 所示。

ICS 37.100.01
A 17

中华人民共和国国家标准

GB/T 34053.6—2017

纸质印刷产品印制质量检验规范
第 6 部分：折叠纸盒

Specifications of quality inspection for printed paper products—
Part 6: Folding carton

图 4-24　GB/T 34053.6—2017 标准封面

GB/T 34053.6—2017 规定了折叠纸盒类印刷产品印制质量检验所涉及的术语和定义、印制质量要求、检验方法和判定规则。其标准结构如表 4-36 所示。

GB/T 34053.6—2017 适用于涂布白卡纸、涂布白纸板及微型瓦楞纸板为基材的折叠纸盒类印刷产品印制质量的检验和判定。

表 4-36　GB/T 34053.6—2017 标准结构

1 范围
2 规范性引用文件
3 术语和定义
3.1 折叠纸盒
3.2 微型瓦楞
4 印制质量要求
4.1 外观质量要求
4.2 印刷质量要求
4.3 表面整饰质量要求
4.4 成型质量要求
5 检验方法
5.1 温湿度要求
5.2 检验方法
6 判定规则
6.1 单件产品不合格判定
6.2 检验批不合格判定

烟盒、异形包装盒不在 GB/T 34053.6—2017 标准检测范围中。

通常纸盒上会有商品条码，考虑到商品条码涉及专业的条码生成技术、检测仪器以及判定标准，且商品条码的归属不在新闻出版行业之中，因此 GB/T 34053.6—2017 中不包含条码质量要求和检测判定。

第六节　绿色印刷标准

绿色印刷是一个系统工程，绿色印刷标准体系建设是我国推进和实施绿色印刷产业发展战略的重要组成部分，是实施绿色印刷的重要技术依据，是企业进行绿色印刷认证及自我声明的重要依据。2010 年 9 月 14 日，国家新闻出版总署和环保部签订了《实施绿色印刷战略合作协议》，同期，国家环境保护部先后出台了一系列绿色印刷相关的 HJ 标准，成为初期绿色印刷认证的依据。之后,国家新闻出版广电总局相继颁布绿色印刷系列行业标准,引导行业向绿色化发展。

一、HJ/T 环境标志产品技术要求标准

1. HJ 2503—2011《环境标志产品技术要求 印刷 第一部分:平版印刷》

发布日期:2011年3月2日;

实施日期:2011年3月2日;

发布单位:国家环境保护部(现生态环境部);

内容简介:本标准适用于采用平版印刷方式的印刷过程及其产品,并对平版印刷原辅材料和印刷过程的环境控制、印刷产品的有害物限值做出了规定,对于减少平版印刷对环境和人体健康的影响,改善环境质量,有效利用和节约资源作用明显。本标准适用于采用平版印刷方式的印刷过程及其产品。

2. HJ2530—2012《环境标志产品技术要求 印刷 第二部分:商业票据印刷》

发布日期:2012年11月16日;

实施日期:2013年2月1日;

发布单位:国家环境保护部(现生态环境部);

内容简介:本标准规定了环境标志产品商业票据印刷的术语和定义、基本要求、技术内容及检验方法。本标准适用于各类商业票据印制。

3. HJ2539—2014《环境标志产品技术要求 印刷 第三部分:凹版印刷》

发布日期:2014年9月28日;

实施日期:2014年12月1日;

发布单位:国家环境保护部(现生态环境部);

内容简介:本标准规定了环境标志产品凹版印刷的术语和定义、基本要求、技术内容和检验方法。本标准适用于纸质、塑料及其包含材料,承印物的凹版印刷过程及其产品。

二、CY/T 新闻出版行业绿色印刷标准

新闻出版广电总局对于绿色标准的指导性意见包括:

(1)要有前瞻性、先进性,对行业起到引领和导向作用。

(2)在借鉴、消化、吸收国际、国内相关标准的基础上有所创新。

(3)要有可操作性和可验证性,可满足自我声明、认证等多种形式的绿色印刷合格评定。

(4)本着急用先行的原则,重点解决基础性标准和绿色印刷推进过程中有关抽样、检验及判定依据的标准。

基于上述绿色印刷标准制定原则,在新闻出版广电总局领导下,由全国印刷标准化技术委员会 SAC/TC170 组织编写制定,截至 2021 年 10 月颁布了下列 12 项新闻出版行业绿

色印刷标准。

1. CY/T 129—2015《绿色印刷 术语》

发布日期：2015 年 3 月 27 日；

实施日期：2015 年 3 月 27 日；

发布单位：国家新闻出版广电总局；

内容简介：本标准规定了绿色印刷专业用语，以保证在生产、教学和学术等活动中正确应用专业概念。本标准适用于印刷行业及其相关专业编写标准、出版、教学、科研及供技术交流中使用。

2. CY/T 130.1—2015《绿色印刷 通用技术要求与评价方法 第 1 部分：平版印刷》

发布日期：2015 年 3 月 27 日；

实施日期：2015 年 3 月 27 日；

发布单位：国家新闻出版广电总局；

内容简介：本部分规定了平版印刷所涉及的绿色印刷通用技术要求、评价及检验方法。本部分适用于对生产纸质平版印刷品的企业进行绿色印刷评价，采用其他承印材料的平版印刷企业可参照使用。

3. CY/T 131—2015《绿色印刷 产品抽样方法及测试部位确定原则》

发布日期：2015 年 3 月 27 日；

实施日期：2015 年 3 月 27 日；

发布单位：国家新闻出版广电总局；

内容简介：本标准规定了绿色印刷产品的抽样方法及测试部位确定原则。本标准适用于绿色印刷产品检验的样本抽取及样品测试部位的确定。

4. CY/T 132.1—2015《绿色印刷 产品合格判定准则 第 1 部分：阅读类印刷品》

发布日期：2015 年 3 月 27 日；

实施日期：2015 年 3 月 27 日；

发布单位：国家新闻出版广电总局；

内容简介：本部分规定了纸质阅读类印刷品有害物质的限量要求、检验方法和检验规则。本部分适用于图书、期刊、本册、报纸、儿童读物等纸质阅读类印刷品。纸质票证类印刷品可参照执行。

5. CY/Z 26—2017《绿色印刷标准体系表》

发布日期：2017 年 5 月 18 日；

实施日期：2017 年 9 月 1 日；

发布单位：国家新闻出版广电总局；

内容简介：本标准规定了绿色印刷标准体系的基本框架及明细表。本标准适用于绿色印刷标准项目的规划、立项及制修订工作。

6. CY/T 130.2—2017《绿色印刷 通用技术要求与评价方法 第2部分：凹版印刷》

发布日期：2017年5月18日；

实施日期：2017年9月1日；

发布单位：国家新闻出版广电总局；

内容简介：本部分规定了凹版印刷所涉及的绿色印刷通用技术要求、评价及验证方法。本部分适用于以纸质、塑料及其复合材料为承印物的凹版印刷企业进行绿色印刷评价，采用其他承印物的凹版印刷企业可参照使用。

7. CY/T 132.2—2017《绿色印刷 产品合格判定准则 第2部分：包装类印刷品》

发布日期：2017年5月18日；

实施日期：2017年9月1日；

发布单位：国家新闻出版广电总局；

内容简介：本部分规定了包装类印刷品有害物质的限量要求、产品回收标识、检验方法和检验判定规则。本部分适用于一般工业产品、食品、药品等纸质、塑料及其复合材料为承印物的包装类印刷品。

8. CY/T 195—2019《绿色印刷 书刊柔性版印刷过程控制要求及检验方法》

发布日期：2019年11月28日；

实施日期：2020年1月1日；

发布单位：国家新闻出版署；

内容简介：本标准规定了柔性版印刷书刊过程中所涉及的绿色印刷术语和定义、材料要求、设备要求、制版要求、印刷要求及其检验方法。本标准适用于以纸张为承印物的书刊柔性版印刷，其他柔性版印刷可参照使用。

9. CY/T 130.3—2020《绿色印刷通用技术要求与评价方法 第3部分：纸质柔性版印刷》

发布日期：2020年11月16日；

实施日期：2021年2月1日；

发布单位：国家新闻出版署；

内容简介：CY/T 130的本部分规定了纸质柔性版印刷所涉及的绿色印刷通用技术要求、评价及验证方法。CY/T 130的本部分适用于以纸质及其复合材料为承印物的柔性版印刷企业进行绿色印刷评价。

10. CY/T 130.4—2020《绿色印刷 通用技术要求与评价方法 第4部分：塑料柔性版印刷》

发布日期：2020年11月16日；

实施日期：2021年2月1日；

发布单位：国家新闻出版署；

内容简介：CY/T 130的本部分规定了塑料柔性版印刷所涉及的绿色印刷通用技术要求、评价及验证方法。CY/T 130的本部分适用于以塑料及其软包装复合材料为承印物的柔性版印刷企业进行绿色印刷评价。

11. CY/T 228—2020 《绿色印刷材料 胶印橡皮布》

发布日期：2020年11月16日；

实施日期：2021年2月1日；

发布单位：国家新闻出版署；

内容简介：本标准规定了绿色印刷使用的胶印橡皮布的术语和定义、技术要求、检验方法及判定规则，本标准适用于符合绿色印刷材料要求的胶印橡皮布的判定。

12. CY/T 250—2021《绿色印刷 转移接装纸印制过程控制要求》

发布日期：2021年9月22日；

实施日期：2021年11月1日；

发布单位：国家新闻出版署；

内容简介：本文件规定了转移接装纸印制加工过程中涉及的工艺技术节点控制的要求。本文件适用于转移接装纸的绿色印制加工。

参考文献

[1] GB /T 20000.1-2014，标准化工作指南第 1 部分：标准化和相关活动的通用术语 [S],2014.

[2] ISO/IEC Guide 2:2004.

[3] 李春田 . 标准化概论 [M].6 版 . 北京：中国人民大学出版社，2014.

[4] "The Economic Benefits of Standardization" http://www.din.de/aktuelles/benefit.html

[5] ISO/IEC 导则

[6] ISO/IEC Directives

[7] ISO GUIDE： My ISO Job

[8] https://www.iso.org

[9] GB/T 1.1-2020. 标准化工作导则—第 1 部分：标准化文件的结构和起草规则 ,2020.

[10] GB/T 16733-1997. 国家标准制定程序的阶段划分及代码 ,1997.

[11] ISO/IEC Guide 21.

[12] http://std.samr.gov.cn.

[13] http://hbba.sacinfo.org.cn.

[14] http://dbba.sacinfo.org.cn.

[15] http://dbba.sacinfo.org.cn.

[16] http://www.ttbz.org.cn.

[17] Guidelines for using print production standards v1.0 2019，https://committee.iso.org/home/tc130.

[18] http://std.samr.gov.cn/gb.